新型职业农民培育系列教材

核桃优质高效栽培与病虫害防治

◎ 吴洪凯 主编

中国农业科学技术出版社

图书在版编目（CIP）数据

核桃优质高效栽培与病虫害防治 / 吴洪凯主编 .—北京：中国农业科学技术出版社，2019. 7

ISBN 978-7-5116-4276-9

Ⅰ. ①核…　Ⅱ. ①吴…　Ⅲ. ①核桃-果树园艺②核桃-病虫害防治
Ⅳ. ①S664. 1②S436. 64

中国版本图书馆 CIP 数据核字（2019）第 129659 号

责任编辑　崔改泵　金　迪
责任校对　马广洋

出 版 者　中国农业科学技术出版社
北京市中关村南大街 12 号　邮编：100081
电　　话　(010)82109194(编辑室)　(010)82109702(发行部)
(010)82109709(读者服务部)
传　　真　(010)82106650
网　　址　http://www.castp.cn
经 销 者　各地新华书店
印 刷 者　北京富泰印刷有限责任公司
开　　本　850mm×1 168mm　1/32
印　　张　6. 75
字　　数　176 千字
版　　次　2019 年 7 月第 1 版　2019 年 7 月第 1 次印刷
定　　价　30. 00 元

《核桃优质高效栽培与病虫害防治》

编委会

主　编： 吴洪凯

副主编： 侯瑞利　张秀红　王习著　黄大明　皮楚舒　李　宏　李　静　吴　鹏　王　云　江本霞

编　委： 闻　萍　罗　杨　刘金荣　许庆凡

前　言

核桃在我国分布极为广泛，因其适应性强，南、北方20多个省（自治区、直辖市）均有栽植。在长期栽培和人为选择过程中，形成了很多优良品种和类型。由于核桃具有果材兼用，种仁富含脂肪、蛋白质以及多种维生素及微量元素等，既可滋补健身，又有防病治病效果，故核桃又有营养果品和医疗果品之称。

随着人们对核桃的营养保健价值和医疗功效认识的深化，核桃食品种类日益增多，对核桃的需求量不断上升。展望核桃产销形势，前景广阔。核桃栽培面积不断扩大，但不同果园产量差距很大，为此，加强对现有核桃树的管理，推广综合配套增产技术及采用新技术显得非常重要。

本书侧重科技知识，兼顾针对性、实用性和可操作性，旨在为广大基层科技人员和农民提供通俗易懂、便于学习和掌握的技术。本书内容包括核桃优质栽培的概述、核桃建园技术、核桃育苗、核桃高效栽培技术、土肥水管理技术、花果管理技术、核桃整形修剪技术、主要病虫害防治、果实采收及采后处理等。

因写作水平所限，书中错误与不当之处在所难免，请广大读者批评指正。

编　者

目　录

第一章　核桃优质栽培概述

第一节　核桃的价值

核桃位居世界著名四大干果（核桃、扁桃、榛子、腰果）之首，也是我国重要的经济林树种之一。因其经济、生态和社会效益显著，使之成为栽培遍布世界六大洲的广域经济树种。

核桃是西汉时由张骞自西域带回，后自北向南传遍全国，至今已有2 000多年的栽培历史。在悠久的栽培历史中，曾形成了许多优良的核桃品种，如山东的绵核桃、山西的汾阳核桃、河北的石门核桃都曾享誉国内外市场。核桃因其适应性强，我国南、北方20多个省份均有栽植。核桃具有较高的经济价值，除了核桃仁有食用价值外，其树干、根、枝、叶、青皮都有一定的利用价值，故核桃又有营养果品和医疗果品之称。

一、核桃树的用途

核桃树树体高大，枝干挺立，树冠枝叶繁茂，多呈半圆形，具有较强的拦截烟尘、吸收二氧化碳和净化空气的能力，在立地条件好的地方用作行道树或观赏树种。核桃树木材色泽淡雅，花纹美丽，质地细韧，无特殊气味，装饰价值极高，经打磨后光泽宜人，且可染上各种色彩，是制作高级家具、军工用材、高档商品包装箱及乐器的优良材料。因此，许多国家都很重视对核桃树的栽培和利用，如美国人、意大利人十分尊崇核桃木材，认为是富贵和华丽的象征。

核桃树根系发达，分布深广，可以固结大片土壤，缓和地表径流，防止侵蚀冲刷。因此，可以绿化荒山、保持水土。

核桃树叶片风干后可以做饲料，核桃树枝条做薪柴，核桃果实青皮中含有单宁，可制栲胶，用于染料、制革、纺织等行业。青皮浸出液可防治象鼻虫和蚜虫，是最近科学家探求植物源农药的重要原料。核桃壳可以制作高级活性炭，或用于油毛毡工业及石材打磨，也可以破碎后制成肥料。

二、核桃仁的营养价值

核桃仁是一种营养价值极高的食品，其味道鲜美，营养丰富。据分析，核桃仁含油量平均为65.08%~68.88%，最高达76.3%，比大豆、油菜籽、花生和芝麻的含油率均高。它的蛋白质含量最高可达29.7%，高于鸡蛋（14.8%）、鸭蛋（13%）的蛋白质含量，为豆腐的2.1倍、鲜牛奶的5.0倍，核桃仁中的蛋白质也因其真实消化率和净蛋白比值较高，而被誉为优质蛋白。

此外，核桃仁还含有丰富的维生素及钙、铁、磷、锌等多种微量元素。核桃油中的脂肪酸主要是油酸和亚油酸，约占总量的90%，因此，容易被消化，吸收率高。

核桃仁除直接食用外，常用作各种糕点、家常食品、风味小吃、烹调菜点及饮料的重要配料，为我国传统的食品加工原料。核桃油是高级食用油，并可广泛应用于工业。

三、核桃的保健与医疗用途

核桃作为保健食品早已被国内外所认识。唐代名医孟诜称核桃仁可“通经脉，润血脉，常服骨肉细腻光润”。明代医药学家李时珍称核桃仁有“补气养血、润燥化痰、益命门、利三焦、温肺润肠”等功用。在我国古代和中世纪的欧洲，核桃被用来治疗脱发、牙疼、皮癣等症。

近代大量资料表明，核桃对各种年龄的人都有不同程度的保健作用。妇女妊娠期间常吃核桃，可促使胎儿身体发育良好，头顶囟门能提早健康地闭合。核桃仁中的丰富营养对少年儿童的身体和智力发育大有益处，所含丰富锌元素有助于儿童长高，亚油酸能使皮肤光润细腻，锌元素对久治不愈的青春期痤疮有良好的疗效。核桃仁中高含量的锌和磷脂可以补脑；维生素可防止细胞老化和记忆力及性机能的减退；核桃仁中丰富的亚油酸可以光滑皮肤、软化血管，使心脏病的相对危险程度降低30%~50%，对预防和治疗老年人心血管疾病均有良好的作用。

第二节　核桃优良品种

核桃是胡桃科核桃属植物，原产于我国的核桃属植物有五种，即核桃、核桃楸、野核桃、铁核桃、麻核桃（河北核桃）。按照开始结果时间的早晚分为早实核桃和晚实核桃。

一、早实核桃良种

早实核桃结果早、产量高，深受群众欢迎，近年种植面积增长较快。缺点是喜水肥，立地条件要求较高。

（一）香玲

由山东省果树研究所经人工杂交选育而成，1989年定名。主要在山东、河南、山西、陕西、河北等地栽培（图1-1）。

品种特性：树势中庸，树姿直立，树冠半圆形，分枝力较强。嫁接当年开始形成混合花芽，雄花3~4年后出现。雄先型，中熟品种，果枝率85.7%，侧生果枝率81.7%，每果枝平均坐果1.4个。坚果卵圆形，平均单果重10.6g。易取整仁。核仁充实饱满，出仁率65.4%。核仁乳黄色，味香而不涩。

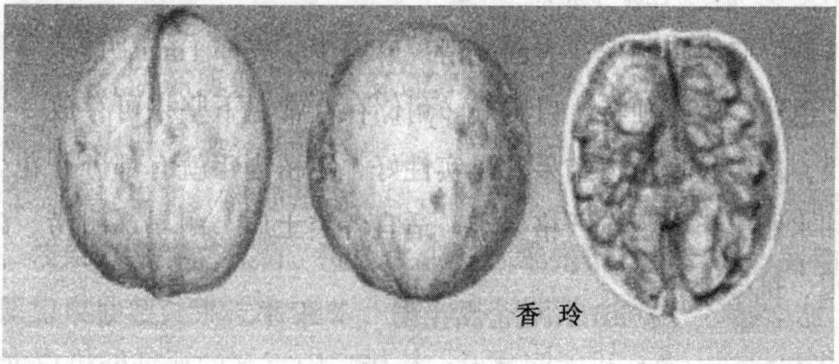

图 1-1 香玲

栽培特点：该品种适应性一般，盛果期产量较高，大小年不明显；坚果品质上等，尤宜带壳销售或作生食用；较抗寒，耐旱，但抗病性较差。适宜在山丘土层较深厚和平原林粮间栽培。

（二）鲁光

由山东省果树研究所经人工杂交选育而成，1989 年定名。主要在山东、河南、山西、陕西、河北等地栽培（图 1-2）。

图 1-2 鲁光

品种特性：树势中庸，树姿开张，树冠半圆形，分枝力较强。嫁接后 2 年开始形成混合花芽。属长果枝型，果枝率

81.8%，侧生混合芽率 80.8%，每果枝平均坐果 1.3 个。雄先型，中熟品种。坚果长圆形，坚果平均重 16.7g。易取整仁。核仁充实饱满，出仁率 59.1%。核仁乳黄色，味香而不涩。

栽培特点：该品种适应性一般，早期生长势较强，产量中等，盛果期产量较高；适宜在土层深厚的山地、丘陵地栽植，亦适宜林粮间作。

（三）薄壳香

由北京市林业果树研究所自新疆引进核桃实生树中选育而成，1984 年定名。已在北京、山西、陕西、辽宁、河北和河南等地推广（图 1–3）。

品种特性：坚果近圆形，表面光滑、麻点少，壳厚 1mm，能取整仁，出仁率 63.8%。仁色浅，风味独特，口感好。耐储存，常温下坚果可存放一年。成穗状或串状结果，内膛枝也可以结果。早实性好，定植当年就有部分开花坐果。对土壤、气候和水肥等条件没有严格要求，适宜各类土质。耐旱、耐涝、耐瘠薄，抗风、抗冰雹、抗冻。

图 1–3　薄壳香

栽培特点：较丰产，嫁接成活率较低，宜在华北、华中地区发展。土质较好的平地或山坡地均可栽植。栽植后一般不要施肥。定植5年内萌生侧枝越多产量越高，因而不需要太多的修剪、整形，任其丛生生长即可。

（四）辽核1号

由辽宁省经济林研究所经人工杂交选育而成，1980年定名。已在辽宁、河南、河北、陕西、山西、北京、山东、湖北等地大面积栽培。

品种特性：树势较旺，树姿直立或半开张，树冠圆头形，分枝力强，枝条粗壮密集。丰产、稳产性强，有抗病、抗风和抗寒能力。雄先型，中、晚熟品种。属短果枝型，侧生混合芽率90%，枝坐果率约60%。丰产性强，5年生平均株产坚果1.5kg，最高达5.1kg。坚果圆形，坚果平均重9.4g。可取整仁，出仁率59.6%。核仁充实饱满，黄白色。

栽培特点：该品种长势旺，枝条粗壮，果枝率高，丰产性强；坚果品质优良、适应性强，比较耐寒、耐干旱，抗病性强。适宜在土壤条件较好的地方栽培和早密丰栽培。

（五）辽核3号

由辽宁省经济林研究所经人工杂交选育而成，1989年定名。已在辽宁、河南、河北、陕西、山西等地大量栽培。

品种特性：树势中庸，树姿开张，树冠半圆形，分枝力强，尤其是抽生二次枝的能力强，枝条多。抗病、抗风性较强。雄先型，中、晚熟品种。2年生开始结果。属短果枝型，果枝率90%，侧生混合芽率100%，一般坐果率60%~80%。丰产性强，5年生平均株产坚果2.6kg，最高达4.0kg。坚果椭圆形，坚果平均重9.8g。可取整仁或1/2仁，出仁率58.2%。核仁饱满，浅黄色，风味佳。

栽培特点：该品种树势中等，树姿较开张，分枝力强；果枝率及坐果率高，坚果品质优良；抗病性很强。适宜在我国北方核桃栽培区发展。

(六) 辽核4号

由辽宁省经济林研究所经人工杂交选育而成，1990年定名。目前已在辽宁、河南、山西、陕西、河北、山东等地大量栽培。

品种特性：树势较旺，树姿直立或半开张，树冠圆头形，分枝力强。雄先型，晚熟品种。侧生混合芽率90%，每果枝平均坐果1.5个，丰产性强，8年生平均株产6.9kg，最高达9.0kg，大小年不明显。坚果圆形，坚果平均重11.4g。可取整仁，核仁充实饱满，黄白色，出仁率59.7%。风味好，品质极佳。

栽培特点：该品种果枝率和坐果率高，连续丰产性强；坚果品质优良；适应性强，抗病性极强，抗寒、耐旱。适宜在北方核桃栽培区发展。

(七) 中林1号

由中国林业科学研究院林业研究所经人工杂交选育而成，1989年定名。现在河南、山西、陕西、四川、湖北等地栽培。

品种特性：树势较强，树姿较直立，树冠椭圆形，分枝力强，丰产性强。雌先型，中熟品种。侧生混合芽率90%，每果枝平均坐果1.39个，高接在15年生砧木上第3年最高株产10kg。坚果圆形，坚果重14g。可取整仁或1/2仁，出仁率54%。核仁充实饱满，仁乳黄色，风味好。

栽培特点：该品种生长势较强，生长迅速，丰产潜力大；坚果品质中等；适应能力较强。壳有一定的强度，耐清洗、漂白及运输，尤宜作加工品种，也是理想的材果兼用品种。

(八) 中林3号

由中国林业科学研究院林业研究所经人工杂交选育而成。1989年定名。现在河南、山西、陕西等地栽培。

品种特性：树势较旺，树姿半开张，分枝力较强。雌先型，中熟品种。侧生混合芽率50%以上，幼树2~3年开始结果。丰产性极强，6 年生株产坚果 7kg 以上。坚果椭圆形，坚果重 11.0g。易取整仁，出仁率 60%。核仁充实饱满，乳黄色，品质上等。

栽培特点：该品种适应性强，品质佳。由于树势较旺，生长快，也可作农田防护林的材果兼用树种。

（九）中林 5 号

由中国林业科学研究院林业研究所育成。1989 年定名。已在河南、山西、陕西、四川和湖南等地栽培。

坚果圆球形，易取整仁，出仁率 58%。仁重 7.8g，饱满，色浅，风味佳，品质优。树势中庸，树冠圆头形，分枝力较强。2~3 年生开始结果，雌先型。结果枝短，为短枝型，丰产性好。果实 8 月下旬至 9 月初成熟，属中晚熟品种。抗病性强。适于矮密丰栽培。

（十）中林 6 号

由中国林业科学研究院林业研究所经人工杂交选育而成，1989 年定名。现在河南、山西、陕西等地栽培。

品种特性：树势较旺，树姿较开张，分枝力强。侧生混合芽率 95%，每果枝平均坐果 1.2 个。较丰产，6 年生树株产坚果 4kg。坚果略长圆形，易取整仁，出仁率 54.3%。核仁充实饱满，仁乳黄色，风味佳。

栽培特点：该品种生长势较旺，分枝力强，单果多，产量中上等；坚果品质极优，宜带壳销售；抗病性较强。适宜在华北、中南及西南高海拔地区栽培。

（十一）京 861

由北京市林业果树研究所选育。坚果长圆形，均单果重 11.24g，可取整仁，出仁率 59.39%，仁色浅，风味香，品质上等。该品种适应性较强，较抗寒，耐暑，不抗病，丰产。适宜华北山区栽培。

（十二）元丰

由山东省农业科学院果树研究所选育而成，属早实型。仁饱满，取仁容易，品质好，出仁率 49.7%，含油量 68.77%。该品种树势中庸，适应性强，早期产量较高。

二、晚实核桃优良品种

晚实核桃苗一般播种后 5~7 年或嫁接后 3~5 年才能够开始结果。但耐瘠薄、干旱，寿命长，结实年限相对也长。目前主要有以下几种优良品种。

（一）礼品 1 号

由辽宁省经济林研究所从新疆纸皮核桃的实生后代中选出。1989 年定名。已在辽宁、河南、北京、河北、陕西、山西、甘肃等地栽培。

品种特性：树势中庸，树姿开张，分枝力中等。雄先型，中熟品种。实生树 6 年生或嫁接树 3 年生出现雌花，6~8 年生以后出现雄花，丰产性中等。果枝率为 50%左右，每个果枝平均坐果 1.2 个，坐果率 50% 以上，属长果枝型。坚果长圆形，坚果重 9.7g 左右。可取整仁，种仁饱满，种皮黄白色，出仁率 70.0%，品质极佳。

栽培特点：该品种坚果大小一致，壳面光滑美观；取仁极易，出仁率高，品质极佳，常作为馈赠亲友的礼品。抗病耐寒，适宜北方栽培区发展。

（二）礼品 2 号

由辽宁省经济林研究所从新疆纸皮核桃的实生后代中选出。1989 年定名。已在辽宁、河北、北京、山西、河南等地扩大栽培。

品种特性：树势中庸，树姿半开张，分枝力较强。雌先型，中熟品种。实生树6年生或嫁接树4年生开花结果，高接后3年结果，结果母枝顶部抽生2~4个结果枝，果枝率60%左右，属中、短果枝型，每果枝平均坐果1.3个，坐果率70%以上，多双果。丰产，15年生母树年产坚果4~6kg，10年生嫁接树株产5.4kg。坚果较大，长圆形，坚果重13.5g，极易取整仁，出仁率67.4%，仁饱满，品质好。

栽培特点：该品种抗病丰产，坚果大，壳极薄，出仁率高，属纸皮核桃。适宜在我国北方核桃栽培区发展。

（三）晋龙1号

由山西省林业科学研究所从实生核桃群体中选出。1990年定名。主要栽培于山西、北京、山东、陕西、江西等地。

品种特性：幼树树势较旺，结果后逐渐开张，树冠圆头形，分枝力中等。嫁接后2~3年开始结果，3~4年后出现雄花。雄先型。果枝率45%左右，果枝平均长7cm，属中短果枝型，每果枝平均坐果1.5个，坐果率65%左右，多双果。坚果近圆形，坚果重14.85g。易取整仁，出仁率61%。仁饱满，黄白色，品质上等。

栽培特点：该品种适应性强，果型大、品质优，2年生嫁接苗开花株率达23%；抗寒、耐旱、抗病性强。适宜在华北、西北丘陵山区发展。

（四）晋龙2号

由山西省林业科学研究所从实生核桃群体中选出。1990年定名。主要在山西、北京、山东等地栽培。

品种特性：树势强，树姿开张，树冠半圆形。雄先型，中熟品种。果枝率12.6%，每果枝平均坐果1.53个，嫁接苗3年开始结果，8年生树株产坚果5kg左右。坚果近圆形，坚果重15.92g。可取整仁，出仁率56.7%。仁饱满，淡黄色，风味香甜，品质上等。

栽培特点：该品种丰产、稳产，果型大而美观，生食、加工皆宜；抗逆性强。适宜在华北、西北丘陵山区发展。

（五）清香

原产日本。树势健壮，树姿半开张，树冠近圆形，枝条粗壮，芽体充实，分枝力中等。3 月底至 4 月初萌芽展叶，4 月中旬雄花盛期，4 月中、下旬雌花盛期，9 月上、中旬果实成熟，10 月底至 11 月初落叶。雄先型。壮苗栽植后第 2 年即可见果，5~6 年进入盛果期。结果枝率 37.39%，双果率 70%~80%。顶花芽结果为主，兼有腋花芽结果习性。坚果阔圆锥形，坚果重 14.3g。核仁充实饱满，核仁浅黄，风味香甜，涩味极轻，出仁率 53%~55%。极耐漂洗运输，抗氧化酸败（种仁变味）力强，耐贮藏。

该品种对土壤、肥料和灌水条件要求较低，适应能力较强。在山区、丘陵、平原及荒坡地均能正常结果，抗逆性突出。

三、引进优良品种的方法

引种方法，可简单概括为：认真考察，确定重点，少量引种，多点试验，全面鉴定，掌握规律，加速繁育，逐步推广。这种引种步骤稳妥，适合于科学研究单位。对于生产者而言，难度大、成本高、周期长。

（一）引种的方法和步骤

（1）收集资料，制订计划。引种前，要根据生产需要，收集有关品种的材料，包括形态特征、生长发育特性、适应性、抗病虫性情况、经济性状（包括壳的厚度、出仁率、脂肪含量等）。然后对目标品种进行全面的综合评价，确定最佳引种方案。

选择引种单位也非常重要，特别是在核桃苗木市场比较混乱的情况下，到正规的、有信誉的、有质量保证、三证（育苗生产许可证、苗木质量合格证、检疫证）齐全的核桃苗供应单位引种，最好到品种的原产地的培育单位引种。切忌贪图便宜，引入假种。

引种材料可以是苗木，也可以是接穗。如果是新建园，只能引进苗木，如果有大树，则最好引入接穗，用高接换种的方法进行试验，高接后结果早，能在较短的时间内评价引入的品种性能。可行的应该建立采穗圃，最好在生长季节，通过观果、观叶、观抗病性，认准品种后，通过引进嫩枝接穗，自育苗建圃，确保品种准确性。

（2）引种材料的收集和编号登记。引种材料可以通过实地调查收集或邮寄等方式收集。实地调查收集，便于查对核实，防止混杂，同时还可做到从品种特性典型而无病虫害的优良植株上采集繁殖材料。收集的材料必须详细登记并编号。登记项目应包括种类和品种名称（学名、俗名等）、繁殖材料种类（种子、接穗、嫁接苗等，嫁接苗还应注明砧木名称）、材料来源及数量、收到日期以及收到后采取的措施（包括苗木的假植、定植）等。收集到的每份材料，只要来源不同和收集时间不同，都要分别编号，并将每份材料的有关资料，如植物学性状、经济性状和原产地生态特点等记载说明，分别装入相同编号的档案袋内备案。

（3）引种材料的检疫。为了避免随引种材料传入新的病虫害和有害杂草，从外地特别是国外引进的材料，必须通过严格的检疫。对有检疫对象的繁殖材料，应及时加以消毒处理。必要时，应放在特设的检疫圃内进行隔离种植，如发现有检疫对象，则要采取根除措施。

（4）要选多种立地条件类型做试验。对引入的品种，要用当地有代表性的优良品种为对照，在同一个地区中，要选择不同立地条件进行科学的试验、系统的品种比较试验和区域试验。全面评价其生长结果习性，果实经济性状、品质、抗逆性、抗病性等。可先通过少量试引，初步鉴定其对本地区生态条件的适应性和生产上的利用价值，对试栽观察中表现优良的植株，再进行重复的品种比较试验，以做出更精确的比较鉴定。这可加快引种试验过程，对试引观察（或高接）中经济性状及适应性表现优良的，也可采取控制数量的生产性中间繁殖，并在这一过程中对适应性进一步的观察，等到生产性中间繁殖的植株进入结果时，少量试引观察的植株已进入盛果期，并大体已经历周期灾害气候的考验。这时对其中少数表现优异的引入品种，组织大规模繁殖推广就有较充分的把握。对引种新品种的适应能力的要求，一般应不低于同类型或用途的当地乡土植物。

（5）繁殖推广。经过品种比较试验和区域性试验，或生产性中间繁殖试栽后，通过综合分析，决选出表现适应性好而经济性状优异的优良品种，在进一步了解其品种特性的基础上做出综合评价，划定其最适宜、适宜和不适宜的发展区域，并制定相应的栽培技术措施，然后可以较大规模的繁殖、推广。在繁殖推广过程中，针对核桃的树种特性，以无性繁殖为主要繁殖手段，一是培育核桃成品苗，二是在大树上高接换头，迅速扩大种植面积。

（二）引种的注意事项

（1）要充分了解新引入品种的适应性。引种是把一种植物从一个地区移植到另一个地理气候带栽植。引种前要全面分析植物原产地和引种地的自然条件，这样才能预见引种植物在新地区的生态条件下栽培成功的可能性。对于果树栽培品种来说，由于长期定向选择，往往果实增大了，品质增高了，但抗性却下降了，所以品种的适应性很重要。

核桃的适应性很广，是我国栽培最普遍的果树之一。但不同品种有其不同的适应范围，在一个地区表现好，到另一地区并不一定好。要知道它在引种后的表现，首先要了解这个品种的来源，包括其父、母本，育成单位的地理位置及这个品种有哪些优点和缺点，然后分析它可能的适应性，再通过引种试种，对其性状进行综合评价，表现好的品种再行生产推广，绝不可盲目发展，对新品种不可盲目引种和盲目扩大种植面积，以免造成不应有的损失。生产中这样的例子很多。

（2）要高度重视引种试验的重要性。我国农业推广体系是以地（市）、县农业局、站为主导，由地（市）、县、乡级农技部门进行区域试验，然后向果农推广。而近年来，农技部门的职能被弱化，生产经营单位和个人走到了农技部门的前头，引种成功了，可以带来丰厚的利益。在利益驱使下，一些公司或个人在引进新品种之后，不加试验就大规模育苗，并投放市场。特别在我国苗木繁育体系的管理和知识产权并不健全的情况下，被一些投机者钻了空子，坑害了果农。有些育苗者故意夸大新品种的优点，弱化新品种的缺点，造成苗木市场混乱，良莠不分，使果树从业者无所适从，农民因轻信推销人员而为此付出了惨重代价。所以引种试验具有重要的现实意义。

（3）要正确认识新品种的特性。新品种与老品种相比，肯定有其长处，但具体到某一地方来讲，新品种不一定就是好品种。每个品种都有自己的特点，也有其适宜范围。如果超出了这个范围，就可能是劣质品种了。更何况如今有了不少假的“新品种”。所以作为生产者，要正确认识新品种，了解清楚了，再引种生产。

对新品种要先引种试种，再扩大种植面积。对品种有个初步了解后，结合当地的气候和市场条件，选择适销对路的品种进行试种。在试种的过程中，对新品种果树的经济性状、植株的生物学特征特性（丰产性、适应性、抗逆性等）充分了解后，再行推广，做到有的放矢。当然，在地理位置接近且气候相似的地区就不必多此一举了。

（4）要注意农业推广在引种中的作用。外地的品种引入本地后，有时所在环境条件并不能充分满足它们生长发育的要求，需要采取适当的农业技术措施，使引入类型能够在新的环境中正常生长发育，获得高产优质的新产品。随着农业生产、科学技术的现代化，特别是某些生长调节剂的有效利用，将会有更多的果树种类、品种成功地引入远离现有分布区的新的地域。例如，使用植物生长延缓剂多效唑可增强核桃树的抗寒性。

引种工作的成败包括内外两方面因素。内因方面是选择适当的基因型，使之能满足引种地区综合生态环境的要求。外因方面是采取适当的农业技术措施，使引入类型能够正常地生长结果，提供符合要求的产品。当然，还要考虑有良好的经济效益和市场前景，两者相辅相成，不能偏废。

第三节　核桃树的生长发育特性

一、根、枝、芽和叶的生长特性

（一）根

核桃为深根性树种。其主根发达，侧根水平伸展较远，须根多。一般在条件良好时，成年树主根最深超过 6m，侧根水平延伸可达 10～12m。根冠比，即根幅直径/冠幅直径，通常为 2 左右。但在土层较薄而干旱或地下水位高的地方，根系分布的深度和广度都会减小。

核桃根系的生长，与品种类群、树龄及立地条件关系密切。一般而言，早实核桃比晚实核桃根系发达，幼龄树表现尤为明显。据北京林业大学观察，一年生早实核桃树较晚实核桃树根系总数多 1.9 倍，根系总长度多 1.8 倍，细根的差别更大，这是早实核桃树的一个重要特性。发达的根系，有利于对无机盐和水分的吸收，有利于树体内营养物质的积累和花芽的形成，从而实现早结实、早丰产。

核桃树的根系生长与树龄的关系是，幼苗时根比茎生长快。据测定，一年生核桃树主根长可为主干高的5倍以上，二年生核桃树主根约为主干高的2倍，三年生以后，侧根数量增多，地上部生长开始加速，随着年龄的增长，侧根逐渐超过主根。成年核桃树根系的垂直分布，主要集中在20~60cm深的土层中，约占总根量的80%以上；水平分布主要集中在以树干为圆心的4m半径范围内，大体与树冠边缘相一致。

核桃树根系的生长和分布状况，常因各地条件的不同而有所差异。据北京林业大学调查，在土壤比较坚实的石砾沙滩地，核桃树根系多分布在客土植穴范围内，穿出者极少。在这种条件下，十年生核桃树多变成树高仅2.5m左右的“小老树”。另据河北农业大学对黄土、红土和红土下为石块的3种不同类型土壤的研究发现，核桃根系在黄土下生长最好，十二年生树主根分布深度可达80cm，地上部生长也健壮。以红土下为石块者的地上部生长最差。

此外，已有研究证实，核桃树有菌根，集中分布在5~30cm深的土层中。土壤含水量为40%~50%时，菌根发育最好。树高、干径、根系和叶片的发育状况，均与菌根的生长发育呈正相关，表明菌根对核桃树体生长具有促进作用。

（二）枝

核桃的一年生枝条，可分为营养枝、结果枝和雄花枝3种。

1. 营养枝（叶枝、发育枝）

这是只着生叶片，不能开花结果的枝条。依其长度，可分为短枝、中枝和长枝。其中，长枝又可分以下两种：一种是发育枝，由上年叶芽发育而来，顶芽为叶芽，萌发后只抽枝，不结果。此类枝是扩大树冠，增加营养面积和结果枝的基础。另一种是徒长枝，多由树冠内膛的休眠芽（或潜伏芽）萌发而成。徒长枝角度小而直立，一般节间长，不充实。如数量过多，会大量消耗养分，影响树体的正常生长和结果，故生产中应加以控制。

2. 结果枝

结果枝系由结果母枝上的混合芽抽发而成。该枝顶部着生雌花序。按其长度和结果情况，可分为长果枝（大于20cm）、中果枝（10~20cm）和短果枝（小于10cm）。健壮的结果枝可以再抽生短枝（尾枝），多数当年可以形成混合芽，早实核桃还可以当年萌发，二次开花结果。

3. 雄花枝

此为只着生雄花芽的弱枝，仅顶芽为营养芽，不易形成混合芽。雄花序脱落后，顶芽以下光秃。雄花枝多着生在老弱树或树冠内膛郁闭处，雄花枝过多是树势过弱的表现。

核桃枝条的生长，受年龄、营养状况、着生部位及立地条件的影响。一般幼树和壮枝一年中可有两次生长，形成春梢和秋梢。春季在萌芽和展叶的同时抽生新枝。随着气温的升高，枝条生长加快，于5月上旬（北方地区）达旺盛生长期，6月上旬第一次生长停止。此期，枝条生长量可占全年生长量的90%。短枝和弱枝一次生长结束后即形成顶芽，健壮发育枝和结果枝可出现第二次生长。秋梢顶芽形成较晚。旺枝在夏季则继续生长或生长缓慢，春秋梢交界处不明显。二次生长现象，随年龄增长而减弱。一般来说，二次生长往往过旺，木质化程度差，不利于枝条越冬，应加以控制。幼树枝条的萌芽力和成枝力，常因品种（类型）而异。一般早实性核桃，40%以上的侧芽都能发出新梢，而晚实核桃只有20%左右。需要注意的是，核桃背下枝吸水力强，生长旺盛，这是不同于其他树种的一个重要特性，在栽培中，应注意对此加以控制或利用。否则，会造成“倒拉枝”，使树形紊乱，影响骨干枝生长和树下耕作。

（三）芽

根据其形态、构造及发育特点，可将核桃芽分为混合芽、叶芽、雄花芽和潜伏芽四大类。

1. 混合芽

混合芽，芽体肥大，近圆形，鳞片紧包，萌发后抽生枝、叶和雌花序。晚实核桃的混合芽，着生在一年生枝顶部1~3个节位处，单生或与叶芽、雄花芽上下呈复芽状态，着生于叶腋间。早实核桃除顶芽为混合芽外，其余2~4个侧芽（最多可达20个以上）也多为混合芽。

2. 叶芽（亦称营养芽）

叶芽萌发后只抽生枝和叶，主要着生在营养枝顶端及叶腋间，或结果枝混合芽以下，单生或与雄花芽叠生。早实核桃叶芽较少。叶芽呈宽三角形，有棱，在一条枝上以春梢中上部叶芽较为饱满。一般每芽有5对鳞片。

3. 雄花芽

雄花芽萌发后形成雄花序，多着生在一年生枝条的中部或中下部，数量不等，单生或叠生。形状为圆锥形，是裸芽。

4. 潜伏芽（又叫休眠芽）

潜伏芽属于叶芽的一种，在正常情况下不萌发，当受到外界刺激后才萌发，成为树体更新和复壮的后备力量。主要着生在枝条的基部或下部，单生或复生。呈扁圆形，瘦小，有3对鳞片。其寿命可达数十年之久。

（四）叶

核桃叶片为奇数羽状复叶，其数量与树龄和枝条类型有关。正常的一年生幼苗，有16~22片复叶，结果初期以前，营养枝上的复叶有8~15片，结果枝上复叶有5~12片。结果盛期以后，随着结果枝的大量增加，果枝上的复叶数一般为5~6片，内膛细弱枝只有2~3片，而徒长枝和背下枝可多达18片以上。复叶上着生的小叶数，依不同核桃种群而异。核桃种群的小叶数为5~9

片，泡（铁）核桃种群的小叶数为 9~11 片。小叶由顶部向基部逐渐变小，在结果盛期树上尤为明显。

核桃树复叶的多少与质量，对枝条和果实的发育关系很大。据观测，着双果的核桃树枝条要有 5~6 片以上的正常复叶，才能保证枝条和果实的发育，并保持连续结实。低于 4 片的，尤其是只有 1~2 片叶的果枝，难以形成混合芽，且果实发育不良。

二、开花特性

（一）雌、雄花芽分化时期

核桃由营养生长向生殖生长的转变，是一个复杂的生物学过程。开花结实的早晚，受遗传物质、内源激素、营养物质以及外界环境条件的综合影响。不同类群核桃，开始进入结果期的年龄差别很大。例如，早实核桃在播种后 2~3 年即开花结果，有的甚至播种当年即可开花；而晚实核桃则在八至十年生时，才开始开花结实。不过，适当的栽培措施，如嫁接繁殖，可以使核桃树提早开花结实。

在多数地区，4 月下旬至 5 月上旬，核桃树就已形成了雄花芽原基；5 月中旬，雄花芽的直径达 2~3mm，表面呈现出不明显的鳞片状；5 月下旬至 6 月上旬，小花苞和花被的原始体形成，可在叶腋间明显地看到表面呈鳞片状的雄花芽；到翌年 4 月，雄花芽迅速发育完成，并开花散粉。

核桃雌花芽的分化，包括生理分化期和形态分化期。据河北农业大学观察，核桃雌花芽的生理分化期，约在中短枝停止生长后的第三周开始，到第四至第六周为生理分化盛期，第七周即基本结束。在华北地区，核桃雌花芽分化的时间，为 5 月下旬到 6 月下旬。生理分化期，也称为花芽分化临界期，是控制花芽分化的关键时期。此时，花芽对外界刺激反应敏感。因此，可以人为地调节雌花的分化。如在枝条停长之前，通过修剪措施，如摘幼叶、环剥、调节光照、少施氮肥、减少灌水和喷洒生长延缓剂等，以控制生长，减少消耗，增加养分积累，调节内源激素的平衡，从而促进雌花芽的分化。相反，如需树势复壮，则可采取有利于生长的措施，如多施氮肥和去掉部分老叶等，则可抑制雌花分化，促进枝叶生长。

雌花芽的形态分化，是在生理分化的基础上进行的，整个分化过程约需 10 个月才能完成。据河北农业大学在保定市观察，雌花芽开始分化期为 6 月中下旬到 7 月上旬，雌花原基出现期为 10 月上中旬，冬前在雌花原基两侧出现苞片、萼片和花被原基，以后进入休眠期。翌年 3 月中下旬，继续完成花器各部分的分化，直到开花。早实核桃二次花分化，从 4 月中旬开始，5 月下旬分化完成，二次花距一次花 20~30 天。形态分化期需消耗大量的营养物质，故应及早供给和补充养分。因此，掌握雌花形态分化期，对核桃丰产具有重要意义。

（二）雌、雄花开放特点

核桃一般为雌雄同株异花。但在从新疆引种的早实核桃幼树上，也发现有雌雄同花现象，不过，雄花多不具花药，不能散粉；也有的雌雄同序，但雌花多随雄花脱落。上述两种特殊情况，基本上没有生产意义。核桃雄花序长 8~12cm，偶有 20~25cm 长者。每个花序着生 130 朵左右的小花，多者达 150 朵，每序可产生花粉约 180 万粒或更多，重 0.3~0.5g。而有生活力的花粉约占 25%。当气温超过 25℃时，会导致花粉败育，降低坐果率。雄花春季萌动后，经 12~15 天，花序达一定长度，小花开始散粉，其顺序是由基部的小花逐渐向顶端开放，2~3 天后散粉结束。散粉期如遇低温、阴雨和大风等，会对授粉受精不利。雄花过多，消耗养分和水分过多，会影响树体生长和结果。试验和生产实践表明，早期疏雄（除掉雄芽或雄花约 90%）有明显的增产效果。

核桃雌花可单生或2~4朵簇生，有的品种或类型的雌花有小花10~15朵，呈穗状花序，如穗状核桃。雌花初显露时，为幼小子房露出，二裂柱头抱合，此时无受精能力。经过5~8天，子房逐渐膨大，羽状柱头开始向两侧张开，此时为始花期。当柱头呈倒“八”字形时，柱头正面突起，且分泌物增多，为雌花盛花期。此时接受花粉的能力最强，为授粉最佳时期。经3~5天以后，柱头表面开始干涸，授粉效果渐差。之后，柱头逐渐枯萎，失去受精能力。

核桃雌雄花的花期不一致，称为“雌雄异熟”性。雄花先开者叫雄先型”，雌花先开者叫“雌先型”，雌雄花同时开放者为雌雄同熟型，但这种情况较少。各种类型因品种不同而异。多数研究认为，以同熟型的产量和坐果率为最高，雌先型次之，雄先型最低。故建园时就要考虑苗木品种异熟类型的搭配问题。

授粉品种应占主栽品种的1/10~1/8。

核桃一般每年开花一次。早实核桃有二次开花结实的特性。二次花着生在当年生枝顶部。花序有3种类型：第一种是雌花序，只着生雌花，花序较短，一般长10~15cm；第二种是雄花序，花序较长，一般为15~40cm，对树体生长不利，雄花序过多时应及早去掉；第三种是雌雄混合花序，下半序为雌花，上半序为雄花，花序最长可达45cm，一般不易坐果。此外，早实核桃还常出现两性花：一种是雌花子房基部着生雄蕊8枚，能正常散粉，子房正常，但果实很小，早期脱落；另一种是在雄花雄蕊中间着生一个发育不正常的子房，多早期脱落。二次雌花多在一次花后20~30天时开放。二次雌花如能坐果，其成熟期与一次果的相同或稍晚，果实较小，用作种子也能正常发芽。用二次果培育的苗木，与用一次果培育的苗木无明显差异。

核桃花期的早晚，受春季气温的影响较大。如云南漾濞彝族自治县的核桃花期较早，多为3月上旬雄花开放，3月下旬雌花开放；北京地区的核桃雌、雄花开放始期为4月上旬；而辽宁大连核桃的花期颇晚，5月上旬才是雌、雄花开放始期。即使同一地区，不同年份，花期也有变化。对一株树而言，雌花期可延续6~8天，雄花期可延续6天左右。一个雌花序的盛期一般为5天，一个雄花序的散粉期为2~3天。

（三）核桃的授粉特性

核桃系风媒花。花粉传播的距离与风速、地势等有关，在一定距离内，花粉的散布量随风速增加而加大，随距离的增加而减少。据研究报道，最佳授粉距离在距授粉树100m以内，超过300m，几乎不能授粉，这时需进行人工授粉。花粉在自然条件下的寿命只有5天左右。据测定，刚散出的花粉生活力高达90%，放置一天后降至70%，在室温条件下，6天后全部失活，即使在冰箱冷藏的条件下，采粉后12天，生活力也下降到20%以下。在一天当中，以上午9—10时、下午3—4时给雌花授粉效果最佳。

核桃的授粉效果，与天气状况及开花情况有较大关系。多年经验证明，凡雌花期短，开花整齐者，其坐果率就高；反之则低。据调查，雌花期为5~7天者，坐果率高达80%~90%；8~11天者，坐果率在70%以下；12天者，坐果率仅为36.9%。花期如遇低温阴雨天，则会明显影响正常的授粉受精活动，降低坐果率。

有些核桃品种或类型不经授粉，也能结出有生活力的种子，这种现象称为孤雌生殖。对此，国内外均有报道。河北省涉县林业局曾报道，不同园片的核桃树，孤雌生殖率可达4.08%~43.7%，且雄先型树高于雌先型树。国外有研究者曾观察了38个中欧核桃品种在9年中的表现，其中有孤雌生殖表现者占18.5%。此外，用异属花粉授粉，或用吲哚乙酸、萘乙酸及2，4-D等处理，或用纸袋隔离花粉，均可使核桃结出有种仁的果实。这表明，不经授粉受精，核桃也能结出一定比例的有生殖能力的种子。这对核桃生产和科研，有一定的利用价值。

三、果实生长发育特性

(一) 生长发育规律

从核桃雌花柱头枯萎，到核果青皮变黄开裂、果实成熟的整个过程，称为核桃的果实发育期。果实发育期的长短，因生态条件的变化而异，一般南方地区为170天左右，北方地区为120天左右。核桃果实发育大体可分为四个时期（以中部产区为例）。

1. 果实速长期

一般从5月初到6月初的30~35天，是核桃果实生长最快的时期，其体积生长量占全年总生长量的90%以上，重量则占70%左右。

2. 果壳硬化期

亦称硬核期。从6月初到7月初，约35天。坚果核壳自果顶向基部逐渐变硬，种仁由浆状物变成嫩白核仁，营养物质也迅速积累。至此，果实大小已基本定型。

3. 油脂迅速转化期

油脂迅速转化期，从7月初到8月下旬，共50~55天，为坚果脂肪（即油）含量迅速增加期，脂肪含量可由29.24%增加到63.09%。同时，核仁不断充实，重量迅速增加，含水率下降，风味由甜淡变成香脆。

4. 果实成熟期

果实成熟期，从8月下旬至9月上旬，共15天左右。果实各部分已达该品种应有的大小，坚果重量略有增加，青果皮由绿变黄，有的出现裂口，坚果易脱出。据研究，此期坚果含油量仍有较多增加，为保证品质，不宜过早采收。

核桃的果实，发育也同样划分为上述四个时期，其中果实速长期需 60~70 天，果壳硬化期约需 20 天，油脂转化期需 53~57 天，果实成熟期需 12~16 天。果实纵径、横径与棱径的生长速度基本一致。5 月生长最快，6 月中下旬开始减缓，果实大小基本定型。果实重量的增长和体积的增长，速率也趋于一致。

（二）落花落果特点

核桃雌花末期，子房未经膨大而脱落者为落花；子房发育膨大，而后脱落者为落果。一般来说，核桃多数品种或类型，落花较轻，落果较重，但也有落花现象严重的。落花率常因品种或类型而异。一些品种落花率，可达 50%以上，最高可达 90%左右。

核桃落果，多集中在柱头干枯后的 30~40 天内。尤其是果实速长期落果最多，称为“生理落果”。核桃的自然落果率可达 30%~50%。不同品种或单株间，通常落果率差异较大，多者达 60%，少者不足 10%。核桃落果的原因，往往与受精不良、营养不足、花期低温和干旱等有关。针对落果原因，结合核桃生物学特性，在加强土、肥、水管理的基础上，进行花期叶面喷肥（加硼砂 0. 2%~0. 3%），人工辅助授粉和疏除过多雄花等，均有利于提高核桃坐果率。

第四节　对环境条件的要求

核桃在我国的分布范围相当广泛，在北纬 21°~44°，东经 75°~124°都有栽培或种植，但主要分布在暖温带和北亚热带。核桃的适应性较强，对环境条件的要求不甚严格。其生存的主要生态条件为：年平均气温从 2℃（西藏拉孜）到 22. 1℃（广西百色）；极端最低气温从-40℃（新疆伊宁）到 5. 4℃（四川绵阳）；极端最高气温从 27. 5℃（西藏日喀则）到 47. 8℃（新疆吐鲁番）。年降水量从 12. 6mm（新疆吐鲁番依靠灌溉）到 1 518. 8mm

(湖北恩施)；无霜期从90天（拉孜）到300天（江苏中部)；垂直分布从海平面以下（新疆吐鲁番）到海拔4 200m（西藏拉孜县徒庆林寺)；土壤种类更为多样。然而，核桃对适生条件的要求却比较严格，超出适生范围，虽能生存，但生长结实不良，不能形成产量，没有栽培意义。适生条件因地而异，分别介绍如下。

一、海拔高度

北方地区，核桃多栽培在海拔1 000m以下的地方；秦岭以南，核桃多生长在海拔500~1 500m；陕西省商洛地区，核桃在海拔700~1 000m处生长良好；云贵地区，核桃在海拔1 500~2 000m生长良好，其中云南省漾濞彝族自治县，以海拔1 720~2 100m为核桃的适生区。而辽宁西南部，核桃则适于在海拔500m以下的地方生长，高于500m，由于冬季寒冷，表现出生长不正常。

二、温度

核桃属于喜温树种。普通核桃适宜生长的温度范围及有霜期为：年平均温度为9~16℃，极端最低温度为-25℃，极端最高温度为35~38℃，有霜期在150天以下。核桃在休眠期，幼树在-20℃条件下可出现冻害。成年核桃树虽能耐-30℃低温，但低于-28~-26℃时，枝条、雄花芽及叶芽，均易受冻害。在新疆的伊宁和乌鲁木齐，极端最低气温达到-37~-34℃时，核桃不能结果，多呈小乔木或灌丛状生长。展叶后，如温度降到-4~-2℃时，新梢可被冻坏。在花期和幼果期，气温下降到-4~-2℃时，则受冻减产。在温度超过38~40℃时，果实易受日灼伤害，核仁难以发育，常形成空苞。核桃只适应于亚热带气候条件，耐湿热，不耐干冷。对温度的要求是：年平均气温为12.7~16.9℃，最冷月平均气温为4～10℃，极端最低温度为-5.8℃，过低难以越冬。如引种到北京地区，播种苗到三至四年生时，如不防寒，冬季会连根冻死。各主要核桃产区的气候条件如表1-1所示。

表1-1　各主要核桃产区的气候条件

地区	年平均气温（℃）	极端最低气温（℃）	极端最高气温（℃）	年降水量（mm）	年日照量（h）
新疆库车	8.8	-27.4	41.9	68.4	2 999.8
陕西咸阳	11.1	-18.0	37.1	799.4	2 052.0
山西汾阳	10.6	-26.2	38.4	503.0	2 721.7
河北昌黎	11.4	-24.6	40.0	650.4	2 905.3
辽宁大连	10.3	-19.9	36.1	595.8	2 774.4
云南漾濞	16.0	-2.8	33.8	1125.8	2 212.0

注：引自陕西省果树研究所主编的《核桃》一书

三、光照

核桃属于喜光树种。在年生长期内，日照时数与强度，对核桃生长、花芽分化及开花结实，有重要的影响。进入盛果期后更需要有充足的光照条件，全年日照时数要求在2 000h以上，才能保证核桃的正常生长发育，低于1 000h，则核壳、核仁均发育不良。特别是雌花开放期，若光照条件良好，则坐果率明显提高。如遇阴雨、低温，则易造成大量落花落果。例如，新疆早实型核桃产区阿克苏和库车地区，因光照充足，年日照量均在2 700h以上，生长期（4—9月）的日照时数在1 500h以上，因而核桃产量高，品质好。同样，凡核桃园边缘植株均表现生长良好，结果多。同一植株，也是外围枝条比内膛枝条结果多，品质好。这些均为光照条件好所致。因此，生产中应注意栽植密度和适当修剪，不断改善树冠内的通风、透光条件。

四、土壤

核桃为深根性树种，根系需要有深厚的土层（大于 1m），以保证其良好的生长发育。土层过薄，易形成“小老树”，或连年枯梢，不能形成产量。核桃对土壤质地的要求是，结构疏松，保水透气性好，故适于在沙壤土和壤土上种植。黏重板结的土壤或过于瘠薄的沙地上，均不利于核桃的生长和结实。核桃对土壤酸碱度的适应范围是 pH 值 6.2~8.2，最适范围是 pH 值 6.5~7.5，即在中性或微碱性土壤上生长最佳。土壤含盐量在 0.25%以下，稍微超过即对生长结实有影响。含盐量过高则导致死亡。氯酸盐比硫酸盐危害更大。核桃喜肥。据分析，每收获 100kg 核桃，要从土壤中吸收 2.7kg 纯氮。另据报道，氮肥可以提高出仁率，磷、钾肥除增加产量外，还能改善核仁的品质。但应注意，氮肥稍有过量，就会延长生长期，推迟果实成熟和新梢停长时间，不利于安全越冬。增施农家肥和利用绿肥，有利于核桃的生长和结果。

五、水分

核桃的不同种群和品种，对降水量的适应能力有很大差异。如云南核桃分布区的年降水量为 800~ 1 200mm 时，核桃生长良好，干旱年份则产量下降。而新疆早实核桃，由于长期适应当地的干燥气候，若引种到降水量为 600mm 以上的地区，则易患病害。一般来说，核桃可耐干燥的空气，但对土壤水分状况却比较敏感。土壤过旱或过湿均不利于核桃的生长和结实。土壤干旱，阻碍根系吸收和地上部蒸腾，干扰正常新陈代谢过程，造成落花落果，乃至叶片凋萎脱落。土壤水分过多或长期积水，造成通气不良，使根系呼吸受阻，严重时窒息、腐烂，从而影响地上部的生长和发育。秋雨频繁，常引起果实青皮早裂，坚果变褐。因此，山地核桃园需设置水土保持工程，以涵养水分；平地、洼地则应解决排水问题。核桃园的地下水位应在地表2m以下。

六、坡向和坡度

核桃适于生长在背风向阳处。山坡基部土层深厚，水分状况良好，因而比山坡中部和上部生长结果好。云南省漾濞核桃试验站调查表明，同龄植株，立地条件一致而栽植坡向不同，生长结果有明显的差异，表现在阳坡树的新梢生长量、结果数量等明显高于半阳坡和阴坡树。

坡度大小主要通过影响土壤冲刷程度和保肥能力，而影响核桃生长。坡度越大，径流量越大，流速越快，水肥冲蚀量也越大。一般来说，坡长与径流量呈负相关，与冲蚀量呈正相关。因此，核桃适于定植在10°以下的缓坡地带。坡度再大时，应修筑等高的水保工程（水平窄带梯田等）。

第二章　核桃建园技术

第一节　嫁接苗建园

经济条件较好的地区，用培育好的良种嫁接苗栽植建核桃园，做到树龄整齐，品种搭配和布局合理，株行距规格统一，便于管理和实现集约化经营，是核桃优质高效生产的主要途径。

一、园址选择

核桃树为深根性树种，喜土层深厚、土壤疏松肥沃、光照良好，较耐旱抗寒，对不良环境适应性较强。因此，我国北方地区可以充分利用大面积的浅山丘陵地和黄土区栽植核桃树，作为当地农村发展经济的重要途径。核桃园应选择在背风向阳、地形开阔、地势平坦的地方，最好是土层深厚、土质疏松的壤土。一般要求坡度25°以下，土层厚度大于1m，pH值为7~7.5，地下水位2m以下。

核桃树开花较早，新梢、花果易受寒流及晚霜影响而发生冻害。在土层薄、干旱、贫瘠的土壤栽植核桃树，生长不良易出现“焦梢”，而且病虫害严重，产量和质量均较低。盆地、密闭的谷地或山坡底部空气流通差，冷空气易下沉集结，冻害频率高，不宜栽植核桃树。在迎风坡面，特别是在迎风口栽植核桃树，不仅新梢、花果易受冻害，而且授粉受精不良，坐果率低。新建核桃园还应避开老果园地，以免发生再植病，如果避不开，则应采取土壤深翻、清除残根、客土晾坑、增施有机肥等措施，并注意不能在原定植穴上栽植。核桃多年连作，易感染根结线虫病。在柳树、杨树、槐树生长过的土壤上栽植核桃树，易感染根腐病。优质核桃园还应远离工矿污染源，具备良好的水利条件，做到旱能浇涝能排。核桃果实耐贮运，尤其适合在交通不便的边远山区发展。

二、核桃园规划

建立核桃生产基地，园址选定后，应进行全面规划，设置栽植小区及道路、防护林和水利排灌系统等。

（一）栽植小区划分

为便于生产和管理，应先将核桃园划分成若干个作业小区，其形状、大小可依地形地貌，结合防护林、道路和水利系统的设置而确定。一般山区的栽植小区面积为 2～3.3hm^2，开阔地栽植小区面积为 6.7hm^2 左右。长方形的小区便于管理，小区的长边要与等高线平行。坡地、梯田应以坡、沟为小区单位，坡面过大时，应再划分成若干梯田小区。

（二）道路建设

山地核桃园的道路设置非常重要，但生产中往往被忽视，造成交通运输不便。主干道路要贯穿全园，与村庄道路及公路连通，宽 6～8m。梯田小区间的支路与主干道相通，一般设在梯田小区的边缘，宽 3～4m，可作为小区的分界线。作业道与支路相通，是小区内从事生产活动的要道，宽 2～3m。

（三）营造防护林（带）

1. 防护林（带）的作用

我国北方地区春季多风，而且风速大。而春季正值核桃萌芽和开花的季节，雌花盛开期遇大风，柱头易风干失水或被尘土糊住，不利于受精，从而影响坐果，降低产量。设置防护林带可以改善核桃园生态条件，保护核桃树正常生长发育和结果。设置防护林的作用：一是降低风速，减少风害。微风和小风可以促进空气流动，有利于光合作用和蒸腾作用，促进根系吸收，清除和减少辐射及霜冻的威胁，还可以辅助果树授粉。但是，大风及干热风易使树冠偏斜，水分失调、叶片萎蔫，采前果实大量脱落，造成减产或绝收。建立果园防护林，可以降低风速，减少风害对果树的威胁。据新疆林业科学研究院调查，防护林可使果园风速降低39%~48%。二是调节温度和湿度。研究表明，林网内最高温度比对照平均低0.7℃。有防护林保护，冬春季可提高地温0.7~3.5℃，夏季可降低气温0.7~2℃。此外，防护林还有提高空气湿度和保持土壤含水量的效应。三是减轻冻害，提高坐果率。由于防护林冬春有增温效应，故对容易发生冻害的果园有明显的保护作用。山地果园和坡地果园建立防护林，还有保持水土、减少地表径流、防止冲刷的作用。

2. 防护林的类型

近年来，有些地区在核桃园防护林设计中，本着以园养园，增加效益的原则，在树种配置中，除一般林木树种外，还增加了适合当地的果树、蜜源、绿肥、建材、筐材、花卉、园林等树种，达到了既能防风固沙、改善果园气候，又能增加收益的目的。防护林可分为不透风林带与透风林带，不透风林带又分为墙式林带和拱式林带（图2-1）。

墙式林带是由数行或多行树组成的不透风林带，这种林带风可越顶而过，并很快下窜入园，防护地段较小。拱式林带是中央高、两侧渐低，呈拱形的林带，防护距离较远。透风林带排气良好，在减少果园水分流失方面不如不透风林带。规划果园时，主林带多用拱式不透风林带，区间林带多用2~4行透风林带。防护林的防风效果主要依林带所在地势、林带高度及密度等不同而

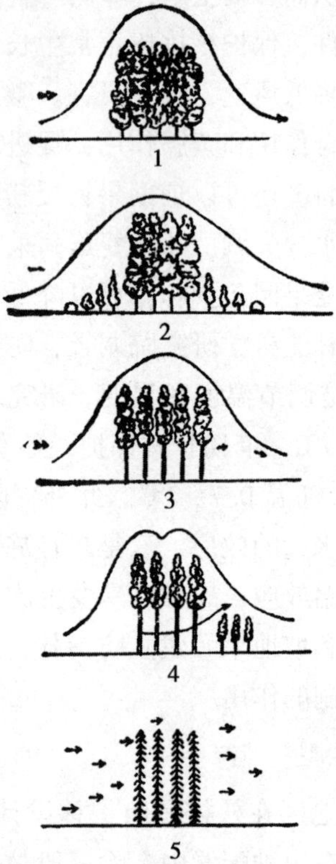

图 2-1　防风林带的类型

1. 墙式林带；2. 拱式林带；3. 上部紧密，下部透风林带；
4. 上部紧密，下部半透风林带；5. 上下呈网眼式透风林带

异。地势高、树体高，防护距离长，防护林有效范围：背风面为林带高度的 25~35 倍，降低风速效果最好的距离是林带的 10~15 倍处；迎风面为林带高度的 5 倍。

3. 防护林树种选择

用于防护林的树种应具备的条件：①对当地自然环境有较强的适应能力。②主要树种具备树冠大、生长快、寿命长的特点，

以利于较早地起到防风作用。③对核桃树生长无不良影响。④不应是核桃树病害的中间寄主。⑤树冠紧密、直立，对邻近核桃树影响较小，根深不易风折。在风大的地区，应选择枝叶茂密、较抗风的树种。生产中应尽量选择经济价值较高的树种，如蜜源、用材、绿化树种等。一种树难以兼备上述各个条件，可以选择多个树种，相互搭配，达到防风护林的效果。防护林常用树种有杨树、柳树、泡桐、白蜡、银杏、苦楝、山杏、柿树、水杉、雪松、侧柏、油松、木瓜、海棠、樱花、皂荚、枫杨、栾树、法桐、香椿、楸树、辛夷、玉兰、女贞、石楠、沙梨、紫穗槐、酸枣、红叶李、玫瑰等。

4. 防护林营造

①主林带采用乔灌混合配置，中间栽植乔木树种，两侧栽植灌木树种。中间栽植高大的速生乔木，株行距按 1m×1m 或 1m×2m，树长大后隔株间伐，一般栽植 3~5 行，风大的地区栽植 8~10 行。在速生乔木两侧各栽植 2~3 行生长较慢的乔木，株行距按 1m×1m 或 1m×2m。最外侧两边分别栽植灌木林带。②区间林带主要是防护每一小区的果树，应选择速生、枝叶茂密的树种，如白蜡、女贞等。

（四）排灌系统

为促进核桃树生长和结果，核桃园要建设水利排灌系统，主要包括水源、水渠、排水沟和排灌机械设备。山区丘陵核桃园的灌溉系统，应设置输水和配水设施，建筑引水渠和灌溉渠。水渠位置要高，尽可能与小区的边缘、道路、防护林相结合。山地核桃园的灌溉渠应设在小区的上坡或梯田内侧，如果山地坡度大，雨季水流急，核桃园要挖排水沟。山区丘陵地区打井困难，要充分利用河流、溪水和蓄集降水作灌溉水源。平地核桃园可用井水作灌溉水源，灌水渠的布局可与道路、防护林结合，排水沟可直通河流、山沟。

（五）山地核桃园水土保持

核桃园多建立在山区丘陵地，水土保持任务繁重，意义深远。

1. 水土保持的内涵

水土流失是地表径流对土壤侵蚀的结果，土壤侵蚀分为面蚀和沟蚀两种类型。核桃园发生面蚀和沟蚀造成土壤质地恶化，表土层中土粒减少，含石量相对增加，水分和养分下降，施肥和灌溉的效果短暂，而且土质坚硬，耕作困难。土壤侵蚀，果树根系生长受到抑制，枝条生长量小，叶片小，容易出现“焦梢”，产量和质量下降；在根部裸露的情况下，果树寿命缩短，严重时导致死亡。水土流失的多少，取决于土壤冲刷速率的大小。冲刷速率大小与地形、降水量、土壤、植被及耕作方式有关。山地核桃园坡度大，冲刷速率自然也大。坡面平整程度与坡面冲刷力度密切相关，坡面不平，降雨时容易在凹处形成沟蚀，在凸起处形成片蚀。坡面长，集雨面大，自上而下形成的径流量大，土壤侵蚀严重，易形成冲刷沟。在山坡地修筑梯田或撩壕，防止和减少水土流失，主要是缩小了集雨面积，减少了地表径流途径和径流量。北方地区降雨多集中在7—9月，降水量占到全年降水量的半数以上。此期降水量大，气温高，杂草生长旺盛，果农中耕除草，大片表层土壤被松动，在雨水冲刷下，很容易造成径流和大片表土被剥蚀，水土流失严重，出现片蚀和沟蚀。山地土层薄，地表坚实，降雨后渗透量小，地表径流量大，水土流失量大。疏松的土壤，在降雨强度小的情况下，雨水渗入土壤中，不出现径流；遇强降雨时，土壤持水量饱和，多余的水造成地表径流，水土流失。多数核桃园采取土壤清耕管理，行间植被少，对强降雨冲刷阻止能力弱，地上植株和地下根系吸水量少，土壤侵蚀严重。推广果园生草技术，不但增加了土壤中的有机质，而且可保持水土，减少地表径流强度，减轻水土流失。核桃园耕作时，横向水平耕作，可切断坡面，拦蓄径流，减少冲刷；纵向耕作常造成严重沟蚀。在坡地果园，沿等高线开挖竹节沟、蓄水沟、果园覆草等措施，都可明显减少水土流失。

2. 山地核桃园水土保持工程

山地核桃园片蚀和沟蚀现象普遍发生，发展山地核桃园应在建园的初期，规划和兴建水土保持工程，减少降雨或干旱对核桃树造成危害，减少地表径流和水土流失，为核桃树生长发育创造良好的自然环境。

（1）等高线植树。按等高线在山地坡面上横向栽植核桃树，利于横向耕作和自流灌溉，可减少降雨冲刷。在坡度大的核桃园，尤其是大型核桃园，建园时按等高线栽植规划，成园后方便土壤耕作和机械化作业。按等高线栽植的核桃园，实现了果园沿等高线横向耕作的作业方式，可减少果园片状剥蚀 1/3～1/2，降雨量小或降雨强度小的情况下不易出现径流，暴雨或降雨强度大时可明显减少地表径流，保持水土。

（2）水平梯田。在坡地上，沿等高线修成的田面水平和埂坎均整成台阶式田块，叫水平梯田。修建水平梯田是保水、保肥、保土的有效方法，是治理坡地、防止水土流失的根本措施，也是实现山地果园水利化和机械化的基本建设。水平梯田按梯田壁所用材料不同，分为石壁梯田和土壁梯田。修筑梯田时，梯田壁应稍向内倾斜，石壁梯田石壁与地面呈约 75°角倾斜，土壁梯田的土壁与地面呈 50°～60°角倾斜。垒石壁时基部底石要大，里外交错，条石平放，片石斜插，圆石垒成“品”字形，石块相互压茬。石缝要错开嵌实咬紧，小石填缝，大石压顶；土壁应平滑内倾。壁顶高出土面，筑成梯田埂。修筑梯田时，随梯田壁增高，以梯田面中轴线为准，在中轴线上侧取土填到下侧处，保持梯田面水平，一般情况下不需从外面取土。梯田面的宽度和梯田壁的高度，视坡度大小、土层深度、栽植距离、管理方便等情况而定。坡度缓，梯田面可做宽些，梯田壁可做低些；反之，梯田面窄，梯田壁高。在条件允许的情况下，应尽可能把梯田面做宽，既利于核桃树生长结果，又方便管理和机械化作业。梯田面平整后，从内沿挖一条排水沟，排水沟按 0.3%~0.5%的比降，将积水导入总排水沟内。在总排水沟上，应每隔 150~200m 修建一座蓄水池。蓄水池的大小可根据流水量和需要而定，一般容积为 30~50m^3。将排水沟挖出的土堆到梯田面外沿，修筑梯田埂，一般田埂宽约 40cm、高 15~20cm。至此，便修成了外高里低（外噘嘴、内流水）的水平梯田（图 2-2）。核桃树应栽植在距梯田面外沿约 1/3 田面的地方，与外沿距离要大于 2m。

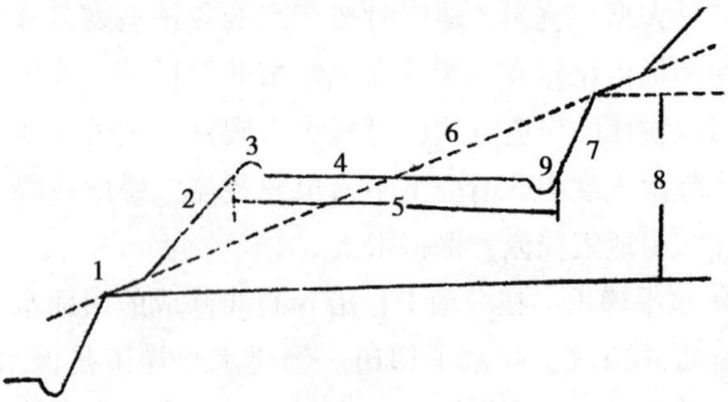

图 2-2 梯田断面

1. 壁间；2. 梯田壁；3. 梯田埂；4. 梯田面；5. 梯田面宽；6. 原坡面；7. 削壁；8. 梯田高；9. 背沟

（3）撩壕。在坡面上，按等高线挖成等高沟，把挖出的土在沟的外侧堆成土埂，这就是撩壕。在壕的外侧栽植核桃树，叫撩壕栽植。修筑撩壕是坡地果园水土保持的有效途径之一。撩壕分为通壕和小坝壕，通壕的沟底呈水平式，壕内有水时，能均匀地分布在沟内，水流速度缓慢，有利于保持水土。但水量过大时，不易排出，尤其不按等高线开沟，或沟底凸凹不平，低洼处积水严重，高凸处无水可用。遇暴雨时撩壕易被冲毁，果树根系供水不均匀，造成树体大小有差异，果园树相不整齐，影响总产量。

通壕适用于地势缓、坡面整齐的山坡上采用。小坝壕与通壕相似，不同点是沟底有一定比降（0.3%~0.5%）。在沟中每隔8~10m做一小坝，用以挡水和减低水流速度。小坝壕比通壕更利于保持降水，当降水少时，水完全保持在沟内；水多时，溢出小坝，朝低处缓缓流向。小坝壕适用于坡度大，水流急，果树栽植比较整齐的山坡核桃园。

（4）鱼鳞坑。鱼鳞坑是山地核桃园普遍采用的比较简易的水土保持工程，对山地果园有一定程度的水土保持作用。鱼鳞坑修筑的大小要根据树龄而定，3年生以下幼树要求坑长约1.5m、宽约1m、深20~30cm，之后随树龄增大，结合挖施肥沟和土壤垦覆，逐年扩大。10年生树龄，鱼鳞坑的长度要达到3m以上。修筑鱼鳞坑时，坑面要稍向内倾斜，便于蓄水。沿坑的外面修一条土埂，土埂高于坑面15~20cm，坑面土壤保持疏松，起到蓄水和防止水土流失的作用。鱼鳞坑在截流保水方面作用比较小，适用于缓坡。在陡坡或集中暴雨的情况下，常常坑满外溢，在坑沿的两侧容易造成冲刷沟，而且在两坑之间的坡面上还存在水土流失现象。但是，由于鱼鳞坑水土保持工程造价低，应用灵活，很受果农的欢迎。

（5）灌木串带。在核桃园内，每隔3~4行核桃树密植1个灌木带，可以起到截断坡面径流、防止雨水冲刷和拦淤作用。灌木串带不仅有利于水土保持，还可以有效利用土地，增加收入。设置灌木带的树种要求速生、根系发达、枝叶繁茂、收益快，可栽植经济价值比较高的中药材或经济树种，如连翘、山茱萸、金银花、接骨木、花椒等。

（6）谷坊。山地核桃园中大小冲刷沟应及早治理，否则易造成沟蚀，水土流失严重，影响整个果园生产。治理冲刷沟最简单有效的措施是修筑谷坊，即在沟中修筑土坝或石坝，拦截泥水，逐年将沟淤平。石谷坊比较坚固，不易被泥水冲垮，但修筑成本高。修筑时将沟底和沟壁挖成槽，然后用石块砌坝。谷坊的断面应下底宽，上面窄，呈梯形。修筑时可以用石块干砌，也可以用石灰水泥勾缝筑砌。石谷坊要在坝的中间留一个出水口，使降雨后多余的水从出水口流出，以免冲垮沟帮。修土谷坊最好用湿土夯实，为使谷坊牢固，可在上面种植紫穗槐、柳树、草等。为了防止沟蚀，可在沟坡里种植紫穗槐、连翘、迎春花、金银花等植被，以减轻沟坡径流和沟蚀。

（六）栽植

1. 栽植前土壤改良

栽植前对不同类型的土壤采取相应的改良措施，改善土壤物理结构和化学性质，可以提高核桃树栽植成活率，促进核桃树生长发育，早结果和丰产稳产。山地核桃园的特点是地势不平，土层薄，沙石多，水土流失较重。土壤改良的重点是深翻熟化，加厚土层，提高土壤肥力。一般深翻 60~100cm，深翻时将土杂肥或杂草、秸秆填入底层，填土时先填表土，后填底土；沙土地改良的重点是提高保水保肥力，改善大风扬沙和土壤的物理结构。有条件的地区以淤压沙，种植绿肥或覆盖秸草。结合施肥每年扩充树穴，填入黏土和圈肥与土杂肥的混合物，改善土壤性质；盐碱地改良的重点是降低土壤盐碱含量，可以采取修筑台田、挖排水沟、增施有机肥、种植绿肥、以淤压沙等措施。

2. 苗木选择

准备苗木是完成果园建设的一项很重要的工作，不仅需要掌握所需苗木的来源、数量，更重要的是应保证苗木质量。苗木质量除要求品种优良纯正外，还要求苗木主根发达，侧根完整，无病虫害，分枝力强，容易形成花芽，抗逆性强。一般以株高 1m 以上、干径不小于 1.5cm、须根较多的 2~3 年生壮苗为最佳。如有条件，最好就地育苗，就地栽植。若需外购苗木应按苗木运输要求进行。

3. 整地施肥

一般整地挖穴规格为1m×1m×1m，定植穴挖好以后，穴底可填入粉碎的秸秆或青草10kg，然后将表土与粪肥30~50kg混合填入坑底，将下层土与磷肥2~3kg混合填入坑的中部（图2-3）。挖穴整地最好在8—9月进行，这是因为此期整地有大量的秸秆、青草可以回填，而且气温较高有利于回填物的腐烂。整地时间最迟应在年前完成。

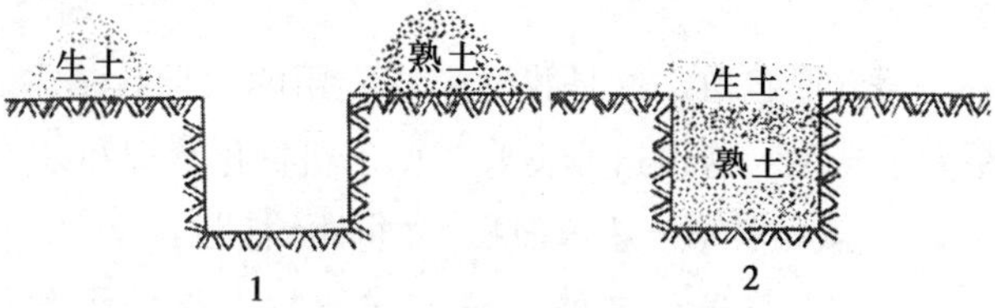

图2-3　培肥栽植穴

1. 挖坑；2. 培肥

4. 栽植方式

（1）林网式栽培。林网式栽培是指在农田或田边、地埂等处，采用小密度栽培核桃树，林中长期间作农作物，也被称为农林间作。林网式栽培具有保护农田、增加农作物产量的作用，属于农田防护林的组成部分。在对农作物管理时，间接起到管理核桃树的效果，便于农林双丰收，既解决了群众的粮食问题，又可以增加经济收入。实践证明，这种种植方式比单纯种植农作物收益高。林木在农田中的配置方式各地有所不同，大体上可分为3种。一是采用大行距，正常株距配置。二是采用带状配置，带间有较大距离。三是株行距都加大，即所谓满天星式栽培。林网式栽培密度一般在每公顷150株以下。

林网式栽培根据栽培地区的地貌，可分为平地林网和山地林网。平地林网是平川地区林网式栽培，多采用单行种植，行距为12~30m，株距为各树种的正常距离，行的走向为南北方向，树体应控制在尽可能不影响农作物生长的高度。山地林网又分为梯田和坡地两种，梯田沿田埂（梯壁）单行种植林木，行距灵活掌握，基本保持与平地相同，田面过宽时可在田中间加行，过窄时可相隔一个梯田；坡地沿等高线种植，可以是单行也可呈带状。

（2）普通园片式栽培。在确定了栽植密度的前提下，可结合当地自然条件和核桃树的生物学特性，采用以下普通园片式栽植方式（图2-4）。

第一，长方形栽植。这是我国广泛应用的一种栽植方式，特点是行距大于株距，通风透光良好，便于机械化管理和采收。

$$栽植株数=栽植面积/（行距\times株距）$$

第二，正方形栽植。这种栽植方式的特点是株距和行距相等，通风透光良好，管理方便。但若密植，树冠易郁闭，光照较差，间作不方便，应用较少。

$$栽植株数=栽植面积/（栽植距离）^2$$

第三，三角形栽植。三角形栽植是株距大于行距，2行植株之间互相错开呈三角形排列，俗称“错窝子”或梅花形。这种方式可提高单位面积上的株数，比正方形多栽约11.6%的植株。但是由于行距小，不便于管理和机械化作业，应用较少。

$$栽植行数=栽植面积/（栽植距离）^2\times0.86$$

第四，带状栽植。带状栽植即宽窄行栽植。带内由较窄行距的2~4行树组成，实行行距较小的长方形栽植。两带之间的宽行距（带距）为带内小行距的2~4倍，具体宽度视通过机械的幅宽及带间土地利用需要而定。带内较密，可增强果树群体的抗逆性（如防风、抗旱等）。如带距过宽，则应减少单位面积内的栽植株数。

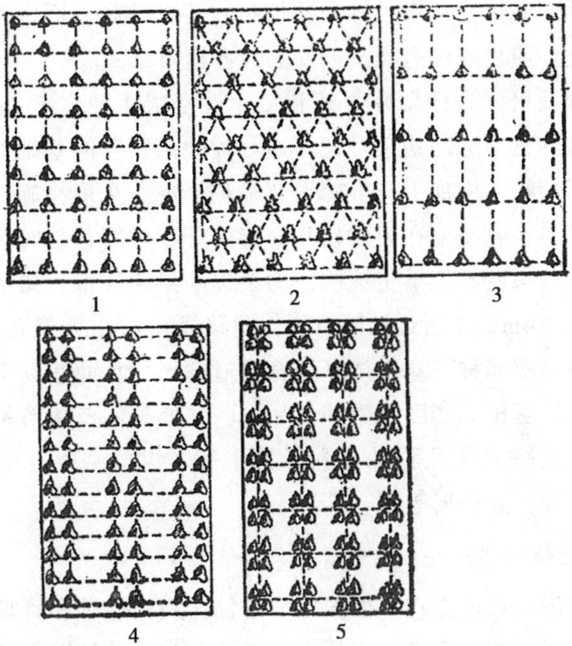

图 2-4　栽植方式

1. 正方形栽植；2. 三角形栽植；3. 长方形栽植；4. 双行栽植；5. 丛植

第五，等高栽植。适用于坡地和修筑有梯田或撩壕的果园，实际上是长方形栽植在坡地果园中的应用。在计算株数时除照下式计算之外，还要注意“插入行”与“断行”的变化。

栽植株数=栽植面积/（株距×行距）

（3）矮密栽培。所谓矮密栽培，就是利用矮化树种和品种以及矮化技术，使树体矮小紧凑，合理地增加单位面积的种植密度，以达到早实、丰产、优质、低耗、高效的目的。矮密栽培是世界经济林发展的趋势，近年来发展极为迅速。其优点：一是早收益、早丰产。二是产量高、质量好。三是可充分利用土地和光能。四是便于树体管理和采收。五是更新品种容易，恢复产量快。但矮密栽培对环境条件和栽培技术要求较高，适用于土壤肥沃、理化性质良好、有灌溉条件的地方建园。

矮密栽培分为计划性密植和矮化性密植 2 种。计划性密植，也称变化性密植。即初植时在普通园片栽培密度的基础上，在株间和行间加密，增加 1~3 倍数量的临时植株。采取措施，加强管理，使其尽早收益，在树冠相互交接前分年度间移临时植株，逐步达到永久密度。如早实核桃，为了提高早期产量，初植密度可加大到 3m×4m，以后逐渐隔行隔株间移成 6m×8m。矮化性密植，是指采用早实品种或矮化技术培养小冠树形，从而达到密植的目的。矮化性密植的密度因树种、品种、立地条件及树形不同有很大差异，从每公顷几百株至数千株不等。树形主要有小冠疏层形、纺锤形、圆柱形等。

5. 栽植密度

核桃树的栽培方式应根据立地条件、栽植品种和管理水平确定。目前我国核桃栽培方式基本上有两种：一种是以果粮间作形式为主的大分散、小集中的分散栽植。另一种是生产园式的集中栽植。分散栽植可因地制宜，适地适树，粗放管理。集中栽植则宜统一规划，集中强化管理。栽植密度以能够获得高产、稳产、优质，且便于管理为原则。一般土层深厚、土质良好、肥力较高的地区，发展晚实型核桃时，株行距应大些，可选 6m×8m 或 8m×9m 的密度；土层较薄、土质较差、肥力较低的山地，株行距应小些，可选 5m×6m 或 6m×7m 的密度。对栽植于耕地田埂、坝堰，以种植作物为主，实行果粮间作的，株行距应加大至 7m×14m 或 7m×21m。山地栽植则以梯田宽度为准，一般一个台面 1 行，台面大于 10m 时，可栽 2 行，株距一般 5m×8m。早实核桃因结果早，树体较小，可采用 3m×5m~5m×6m 的密植形式，也可采用 3m×3m 或 4m×4m 的计划密植形式，当树冠郁闭光照不良时，可有计划地间伐成 6m×6m 或 8m×8m。

6. 栽植时期

核桃栽植时期分春栽和秋栽两种。北方春旱地区，核桃根系伤口愈合较慢，发根较晚，以秋栽较好。秋栽树萌芽早，生长健壮，但应注意幼树冬季防寒。秋栽期从果树落叶以后到土壤结冻以前（即 10—11 月）均可。冬季气温较低、保墒良好、冻土层很深，而且多风的地区，为防止抽条和冻害，宜于春栽。生产中应注意春栽宜早不宜迟，否则会因墒情不良影响缓苗。栽后应视墒情适当灌水。

7. 授粉品种搭配

由于核桃具有雌雄异熟、风媒传粉、有效传粉距离短及品种间坐果率差异较大等特点，建园时最好选用 2~3 个能够互相提供授粉机会的核桃品种，以保证良好的授粉条件。主栽品种与授粉品种的比例为（5~8）∶1，为方便管理应隔行配置。要求授粉品种与主栽品种同时开花，能产生大量发芽率高、亲和力强的花粉，而且能与主栽品种相互授粉（表 2-1）。

表 2-1　核桃主栽品种与授粉品种配置

主栽品种	授粉品种
薄壳香、晋丰、辽核 1 号、新早丰、温 185、薄丰、西洛 1 号、西洛 2 号、秦核	温 185、阿扎 343、京 861
京试 6 号、鲁光、中林 3 号、中林 5 号、阿扎 343	晋丰、薄壳香、薄丰、晋薄 2
晋龙 1 号、晋龙 2 号、晋薄 2 号、西扶 1 号、香玲、西林 3 号	号京 861、阿扎 343、鲁光、中林 5 号
中林 1 号	辽核 1 号、中林 3 号、辽核 4 号

8. 栽植方法及注意事项

栽植前将苗木的伤根及烂根剪除，然后放在水中浸泡半天，或用泥浆蘸根，使根系吸足水分，以利成活。在挖好的坑中部打窝，窝的大小视栽植苗而定。定植时扶正苗、舒展根系，分层填土踏实，使根系分布均匀，培土到与地面相平，全面踏实后，打出树盘，充分灌水，待水渗下后再用细土封盖，培土面应高出地平面约20cm。

栽植深度应以苗木土痕处和地面相平为好。有些地方在栽植时由于坑太大、浇水太多，苗木下陷很深，苗木栽后只露少部分“头”。这样的栽法，由于根系埋得太深，土壤温度低、氧气少，苗木生长极慢，严重的会将苗木闷死。

9. 苗木定植后的管理

①定植后浇透水。核桃苗第一遍水要浇透，使整个树坑全部渗透水，避免坑底有干土。待水完全渗透后及时在树坑内覆盖一层干土，以减缓水分蒸发。②浇透水后用80~100cm见方的地膜覆盖树盘，提高地温促进根系生长，同时还可防止水分蒸发。③定植后及时定干。栽植后大苗在距离地面80~90cm处定干，小苗看芽饱满情况定干，不够定干高度的小苗留1~2个饱满芽定干。④定干后要用调和漆封住修剪伤口，防止伤口失水。⑤核桃苗发芽时要注意保护新芽，防止食叶害虫的危害。⑥及时除萌。核桃苗发芽后，应及时将嫁接口以下的萌蘖去掉，定好干的树苗整形带以下的萌芽也应去掉或摘心。除萌早的，不用摘心，除萌晚的留2~3片叶摘心。定植当年应尽量增加枝叶量，以利于地上部和根系的发育。除萌早的树苗，可以使自身积累的营养用于留下芽苗的生长，有利于新梢生长得更好。⑦及时补浇第二次水。定植后根系受伤严重，树苗自身贮存水分不足，因此春栽的应在定植15~20天后，补浇第二次水。若已覆盖地膜或埋土堆，可推迟至30天左右补浇第二次水。生产中应根据苗情补水，以保证苗木成活和正常生长。⑧待新梢长至15~20cm时，结合浇第三水进行追肥，之后每隔15~20天追肥1次，每次每株追施尿素50g，

连续追施3次。若发现叶片有被虫子食害的痕迹，应及时喷洒5%吡虫啉可湿性粉剂2 000倍液，或用2%阿维菌素乳油2 000倍液防治。结合喷药每隔7~10天叶面喷1次0.2%~0.3%尿素溶液。

第二节　实生苗建园

核桃实生苗建园，是在选定的园址上，经过规划、整地、挖穴或肥培树穴，先栽植核桃实生苗，成活后再嫁接成核桃园。实生苗建园适合经济条件差、荒山荒坡和寒冷地区应用。前些年，由于核桃苗价格高，一些贫困山区大面积栽植实生核桃苗，既省去了购买嫁接核桃苗的资金，缩短了核桃育苗时间，又提高了核桃栽植成活率，加快了核桃产业的发展速度。具体做法：秋季在规划的核桃园定植点栽植核桃实生苗，栽植后浇透水，培30cm高的土堆越冬。翌年春季将土堆扒开，定干、浇水保活，6月新梢生长量达50~60cm时进行芽接。也可在实生苗生长2~3年后进行枝接换头。这种建园方式节约成本，但成园较慢，增加了管理程序和用工。

第三节　坐地苗建园

在整理好的栽植坑内直接播种核桃种子，先培育核桃实生苗，再嫁接成优良核桃品种树。这种建园方式可以省去育苗环节，而且核桃树主根发达，根系发育好，适用于经济条件差、干旱缺水地区和造林困难的地块。直播地的条件一般比较差，播种前核桃种子一定要催芽，播种时浇透底水，保证出苗整齐和生长旺盛。直播的核桃种子易遭鼠兽盗食，幼苗易受金龟子等害虫危害，加上种植得比较分散，嫁接、管理难度大。坐地苗建园要注意以下几个环节。

第一，坐地苗建园应提前1年整地、挖坑、培肥，并注意选择鼠兽害轻的地方建园，或采取防鼠兽措施。

第二，播种时间以春季最好，秋季播种的管理时间长，特别易遭鼠兽危害，造成缺苗。秋季播种最好是带绿皮播种，可趁秋末降雨时播种，以减少浇底水环节。

第三，播种方法是在提前整好的树坑内挖10~12cm深的浅坑，先浇1碗水，待水渗下后每坑播2~3粒催过芽的种子。注意种子要分散摆开，以利于间苗或移苗补栽。秋季播种视墒情，墒情好时可不浇底水，每穴播3~4粒种子。播种后覆土至与地面平，之后覆盖地膜，种子萌发出土时撕破地膜。

第四，幼苗出土后要及时松土、除草和防治病虫害，尤其要注意防治金龟子、地老虎等地下害虫，以免危害刚出土的幼苗，造成直播失败。同时，还要防止人、畜践踏和耕种伤害。缺苗多的可以移栽补植或另建新园。进入雨季要趁墒追肥1~2次，每次每穴施尿素0.15kg。苗高50~60cm时，可在20~30cm高处进行嫁接；如果当年苗木不能嫁接，可在翌年嫁接；土壤立地条件差的地方，也可在苗木生长2~4年后在分枝上进行多头高接。

第四节　大树改接建园

对现有的结果差的核桃大树可通过高接换头，直接改造成优良品种核桃园，提高经济效益。可选择坡度比较缓和、植被好、土层深厚的阳坡或半阳坡上的核桃园，按确定的株行距定点选树，应选择生长健壮、无病虫害、便于嫁接的树。根据土壤立地条件和改接品种特性确定密度，将其余的核桃树和灌杂木砍除，并清除杂草。土层深厚、肥沃的可留密点，土层瘠薄可留稀点；嫁接早实品种可留密点，晚实品种可留稀点。一般掌握在行距4m左右，株距3m左右。

改接核桃树可用插皮舌接法和腹接法。树干直径在 10cm 以上、树形较好的，可在分枝处多头高接。一般在春季萌芽时，将选留的核桃树距地面 60~80cm 处锯断，削平锯口，在其上进行插皮接，树干较粗时多插接几个接穗，接穗应封蜡。也可在春季对选留的核桃树在分枝处或树干高 50cm 处锯断，削平锯口，待 6 月发出嫩枝后进行芽接。

改接后的核桃树应修筑树盘，深翻树盘内土壤，拣出石块、草根，以后逐年“放树窝子”，结合施肥扩大树盘。核桃树改接后会从接口以下长出许多萌蘖，接穗成活后应及早抹除萌蘖，以集中养分促进接穗生长。嫁接失败未成活的，在砧木树桩上留 2 个生长健壮的萌条，在 6 月继续芽接。嫁接成活后，接穗萌芽长至 30cm 以上时应绑立柱，把新梢绑在立柱上防止风折或人、畜碰伤。改接后应注意刨树盘松土除草、追施肥料和防治病虫害，促进核桃树生长。

第三章　核桃育苗

第一节　核桃实生苗的培育

培育品种优良、健壮的苗木，是核桃生产发展的前提和基础。近年来，我国不仅在核桃嫁接技术方面取得了许多成功的经验，而且选育出了一批产量高、品质优、抗性强的优良品种，为核桃的品种化栽培奠定了基础。嫁接苗不仅能够保持品种的优良性状，使核桃具有较高的商品价值，而且具有结果早、易丰产及能充分利用核桃砧木资源等优点。

一、苗圃地选择及整地

（一）苗圃地选择

苗圃地应选择在交通方便、地势平坦、土壤肥沃、土层深厚（1m 以上）、土质疏松、背风向阳、排灌方便的地方。重茬会造成必需元素的缺乏和有害毒素的积累，使苗木的产量和质量下降。因此，不宜在同一地块上连年培育核桃苗木。土壤以沙壤土、壤土和轻黏壤土为宜。苗圃要进行全面规划，一般应包括采穗圃和繁殖区两部分。

（二）苗圃地的整地

包括深耕、作畦和土壤消毒等工作。

深耕时秋耕宜深（20~25cm），春耕宜浅（15~20cm）；干旱地区宜深，多雨地区宜浅；土层厚时宜深，河滩地宜浅；移栽苗宜深（25~30cm），播种苗可浅。北方宜在秋季深耕，耕前每亩（1 亩≈667m²，全书同）施有机肥 400kg 左右，并灌足底水，春季播前再浅耕 1 次，然后耙平作畦。

作畦可采用高床、低床或垄作 3 种方式。南方多雨地区宜用高床，北方水源缺乏地区可采用低床。垄作的优点在于土壤不易板结、肥土层厚、通风透光、管理方便。在灌溉方便的地方，可采用垄作育苗（图 3-1）。

高床　　垄作　　低床

图 3-1　苗圃地作畦

土壤消毒的目的是消灭土壤中的病原菌和地下害虫，生产上常用的药剂是甲醛和五氯硝基苯混合剂等。预防地下害虫可用辛硫磷制成毒土，在整地时翻入土中。

二、实生砧木苗培育

砧木苗是指利用种子繁育而成的实生苗。作为嫁接苗的砧木，要求其种子来源广泛、繁殖方法简便、繁殖系数高，而且亲和力好，适应性强。

（一）砧木选择

砧木应适合当地生态条件及砧木和接穗的特点。我国核桃砧木主要有 7 种，即核桃、铁核桃、核桃楸、野核桃、麻核桃、吉宝核桃和心形核桃。目前，应用较多的是前 4 种。以核桃作本砧最为普遍。

（1）核桃。是目前核桃的主要砧木，用本砧作砧木，具有嫁接亲和力强、成活率高、接口愈合牢固、生长结果良好等优点。缺点是种子来源复杂，实生后代分离广泛，在出苗期，生长势、抗逆性和与接穗亲和力等方面存在明显差异，影响苗木的整齐一致。

（2）铁核桃。也叫夹核桃、坚核桃、硬壳核桃等。它与泡核桃是同一个种的两个类型。主要分布在我国西南各省区，是泡核桃、娘青核桃、三台核桃、细香核桃等优良品种的良好砧木。铁核桃作砧木嫁接泡核桃亲和力良好且耐湿热，缺点是不抗寒。

（3）核桃楸。又称楸子、山核桃等。主要分布在东北和华北各地。其根系发达，适应性强，抗寒、抗旱、耐瘠薄，是核桃属中最耐寒的一个种，适于北方各省种植。但其嫁接成活率和成活后的保存率都不如核桃本砧高，大树高接部位高时易出现“小脚”现象。

（4）野核桃。主要分布在江苏、江西、浙江、湖北、四川、贵州、云南、甘肃、陕西等地，喜温暖，耐湿，嫁接亲和力良好，适合当地环境条件，主要用作当地核桃的砧木。

（5）枫杨。在我国分布广，多生于湿润的沟谷和河滩地，其根系发达，抗涝，耐瘠薄，适应性较强。但枫杨嫁接核桃成活后的保存率很低，可在潮湿的环境条件下选用，不宜在生产上大力推广。

此外，黑核桃作为普通核桃的砧木也在试验之中。

（二）种子的采集和储藏

（1）种子的采集。应选择生长健壮、无病虫害、坚果种仁饱满的壮龄树（30~50 年生）为采种母树。夹仁、小粒或厚皮的核桃，商品价值较低，但只要成熟度好，种仁饱满，即可作为砧木苗的种子。当坚果达到形态成熟，即青皮由绿变黄并出现裂缝时，方可采收。此时的种子发育充实，含水量少，易于储存，成苗率也高。若采收过早，胚发育不完全，储藏养分不足，发芽率低，即使发芽出苗，由于生活力弱，也难成壮苗。

种子采收的方法有捡拾法和打落法两种，前者是随着坚果自然落地，每隔2~3天树下捡拾1次；后者是当树上果实青皮有1/3以上开裂时打落。一般种用核桃比商品核桃晚采收3~5天。种用核桃不必漂洗，可直接将脱去青皮的坚果拣出晾晒。未脱青皮的堆沤3~5天后即可脱去青皮。难以离皮的青果一般无种仁或成熟度太差的，应剔除。脱去青皮的种子应薄薄地摊在通风干燥处晾晒，种子晒干后进行粒选，剔除空粒、小粒及发育不正常的畸形果。

【栽培禁忌】种用核桃脱皮后，不宜在水泥地面、石板、铁板上让日光直接暴晒，以免影响种子的生命力。

（2）种子的储藏。要求种子种仁饱满，没有漂洗，当年的新核桃。黑仁、瘪仁及破损率应小于15%；每千克种子有130~140粒。

核桃种子无后熟期。秋播的种子无须长时间储藏，晾晒也不必干透，一般采后1个月后即可播种，带青皮秋播效果也很好。而春播的种子需经过较长时间的储藏。核桃种子储藏时的含水率以8%最为合适。储藏环境应注意保持低温（-5~10℃）、低湿（空气相对湿度50%~60%）和适当通气，并注意防鼠害。

核桃种子的储藏方法主要是室内干藏法。即将干燥的种子，装入袋、篓、木箱、桶等容器内，放在经过消毒的低温、干燥、通风的室内或地窖内。种子少时可吊在屋内，既可防鼠害，又利于通风。种子如需过夏储藏，需密封干藏，即将种子装入双层塑料袋内，并放入干燥剂密封，然后放入能制冷、调温、调湿和通风的种子库或储藏室内。温度控制在-5~5℃，相对湿度60%以下。

（三）种子播前处理

核桃播种前需要进行一系列的处理。首先，种子要进行水选，方法是将种子放入盛水的大缸内，去除漂浮的劣质种子。秋季播种，最好先将核桃种子用水浸泡 24h，使种子充分吸水后再播种。

春季播种，需进行一定处理才能促进种子发芽。常用方法如下。

（1）层积沙藏。选择排水良好、背风向阳、没有鼠害的地点，挖储藏沟（或量少时挖储藏坑）。沟的深度为 0.7~1.0m，宽度为 1.0~1.5m，长度依储藏种子的数量而定。冻土层较深的地区，储藏沟应适当加深。储藏前先对种子进行水选，去掉漂浮于水面的不饱满种子，将剩余的种子，用冷水浸泡 2~3 天后再进行沙藏。入储前，先在沟底铺 10cm 厚的湿沙，湿沙的含水量以手握成团而不滴水为度，然后，在上面放一层核桃，核桃上再放一层 10cm 厚的湿沙，湿沙上面再放核桃，如此反复，直至距沟口 20cm 处，最后用湿沙将沟填平。最上面用土培成屋脊型，以防雨水渗入。沟内每隔 2m 竖一通气草把，以维持种子的呼吸和正常的生理活动。

（2）冷水浸种。未能沙藏的种子可用冷水浸泡 7~10 天，要求前两天每天换两次水，以后每天换 1 次，换水一定要彻底。也可将盛有核桃种子的麻袋（或蛇皮袋）放在流水中浸泡，待种子吸水膨胀裂口后即可播种。

（3）冷浸日晒。将冷水浸泡过的种子，放在日光下暴晒几小时，待 90%以上种子裂口后即可播种。如果不裂口的种子占 20%以上，应把这部分种子拣出，再浸泡几天，然后再日晒促裂。对于少数未开口的种子，可采用人工轻砸种尖部位的方法进行促裂，然后再播种。

（4）温水浸种。将种子放入缸中，倒入 80℃的热水，随即用木棍搅拌，待水温降至常温后浸泡。以后每天换 1 次冷水，浸种 8~10 天，待种子膨胀裂口后，即可播种。

（5）开水烫种。先将干核桃种子放入缸内，再将 1~2 倍于种子的沸水倒入缸中，随即迅速搅拌 2~3min 后，待不烫手时再加入冷水，浸泡数小时后捞出播种。此法多用于中、厚壳的核桃种子。

【栽培禁忌】薄壳或露仁核桃不宜采用温水浸种或开水烫种，以免烫伤种子，影响出苗。

（四）播种

（1）播种时期。秋播宜在土壤封冻前（10 月中下旬到 11 月）进行。秋播操作简便，出苗整齐，种子不需要处理即可直接播种。但缺点是播种时期过早，会因气温较高，使种子在潮湿的土壤中易发芽或霉烂；播种过晚，又会因土壤封冻，操作困难。

春季播种，需要对种子进行一定的处理，促其发芽后再进行播种。土壤解冻后尽量早播，播种越晚当年的生长量就越小。春播前 3~4 天，苗圃地要先浇 1 次透水。

【栽培禁忌】冬季严寒和鸟兽危害严重的地区，不宜采取秋播。

（2）播种量。与种子的大小和种子的出苗率有关。一般情况下，每亩需要 150 ~ 175kg，10 000 粒以上，可产苗 6 000~7 000株。

（3）播种方法。畦播时，畦面的宽度一般为 1m 左右，每畦播 2 行，行距 50~60cm，株距 15cm，畦两侧各空出 20cm，以方便嫁接。垄作时每垄播 1 行，宽垄也可播 2 行，株距 15cm。山地直播时宜用穴播，每穴放种子 2~3 粒，由于核桃种子较大，为节省种子，多采用点播。沟深 6~8cm，播种时以种子的缝合线与地面垂直、种尖向一侧为好。出苗时根系舒展，幼茎直立，容易出土，生长迅速（图 3-2）。

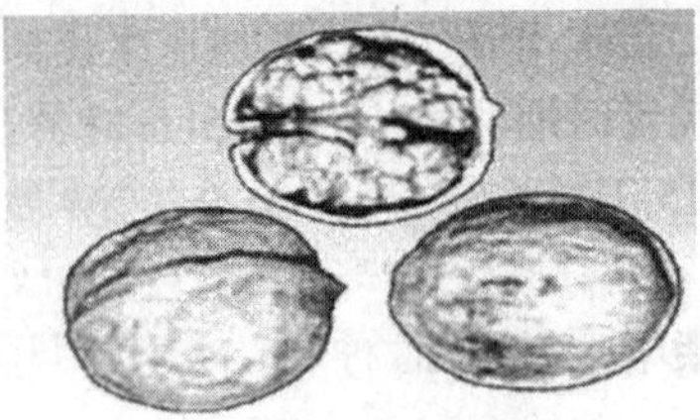

图 3-2 核桃播种放置方式

种子上面覆土 3~5cm。通常秋播宜深，春播宜浅，缺水干旱的土壤宜深，湿润的土壤宜浅；沙土、沙壤土比黏土应深些。

春播墒情良好的可以维持到发芽出苗，一般不需要浇蒙头水。对于春季干旱风大地区，土壤保墒能力较差时，要浇水。秋季播种的一般可在第二年春季解冻后核桃发芽前浇 1 次透水。种子萌芽后，如果大部分幼芽距地面较深，可浅松土；如果大部分幼芽即将出土，可用适时灌水的方法代替松土，以保持地表潮湿，促进苗木出土。

核桃苗对除草剂比较敏感，目前可使用的除草剂以氟乐灵为主。使用氟乐灵要注意该药见光易分解，最好在耕地前施入。注意该药不要重复使用，否则对出苗有一定的影响。

(五) 砧木苗的管理

1. 一年生砧木苗

春季播种后 20~30 天，种子陆续破土出苗，大约在 40 天苗木出齐。为了培育健壮的苗木，应加强核桃苗期管理。

(1) 补苗。当苗木大量出土后，及时检查，若缺苗严重，应及时补苗，以保证单位面积的成苗数量。补苗可用水浸催芽的种子点播，也可用边行或多余的幼苗带土移栽。

(2) 中耕除草。苗圃地的杂草与幼苗争夺水分、养分和光照，有些还是病虫害的媒介和寄生场所，因此育苗地的杂草应及时清除。中耕深度前期 2~4cm，后期可逐步加深至 8~10cm。

（3）施肥浇水。一般在核桃苗木出齐前无须灌水，以免造成土壤板结。但土壤墒情较差时，出苗率大受影响，在播种后 30 天出苗前后，根据墒情可浇 1 次出苗水，并视具体情况进行浅松土。以后要根据墒情结合追肥及时浇水。

苗木出齐后，为了加速生长，应及时浇水。5—6 月是苗木生长的关键时期，幼苗长到 15cm 时，及时追施尿素，每亩 15~20kg。间隔 15 天再施第二次，结合追肥一般要灌水 2~3 次。7—8 月雨量较多，追施磷钾肥 2 次。9—11 月一般灌水 2~3 次，封冻水应予以保证，幼苗生长期间还可进行根外追肥，用 0.3%的尿素或磷酸二氢钾喷布叶面，每 7~10 天喷 1 次。

在雨水多的地区或季节要注意排水，以防苗木晚秋徒长和烂根死苗。

（4）摘心。当砧木苗长至 30cm 高时可摘心，促进基部增粗。发现顶芽受害而萌生 2~3 个新梢时要及时剪除弱梢，保留 1 个较强的新梢生长。

（5）断根。核桃直播砧木苗主根很深，一般长 1m 左右，侧根很少，起苗时主根极易折断，且苗木根系不发达，栽植成活率低，缓苗慢，生长势弱。因此，常于夏末秋初给砧木苗断根，以控制主根，促进侧根生长。用“断根铲”在行间距苗木基部 20cm 处与地面呈 45°角斜插，用力猛蹬踏板，将主根切断。也可用长方形铁锨在苗木行间一侧，距砧木 20cm 处开沟，深 10~15cm，然后在沟底内侧用铁锨斜铲，将主根切断。

【提示】核桃苗断根后应及时浇水、中耕。半个月后叶面喷肥 1~2 次，以增加营养积累。

（6）病虫害防治。病害主要有细菌性黑斑病等，害虫主要有象鼻虫、金龟子、大青叶蝉等，应注意防治，防治食叶害虫用高效氯氰菊酯、功夫等药剂。

2. 第二年砧木苗

核桃当年生苗木较弱，播种当年不能嫁接，于第二年春天萌芽前将砧木苗平茬、浇水，除去多余萌芽，20cm 高时摘心以增加粗度。

（1）间苗。间苗在第二年土壤解冻后到萌芽前进行。间苗前先浇一次水，再用特制的窄边铁锨在要间掉的实生苗的两侧各铲一下，再将小苗拔出来。每亩地实生苗到第二年嫁接前最多不超过 7 000株。间去弱苗、小苗、过密苗。要求留下的实生苗分布均匀，密度一致。

（2）间苗后归圃。间下的苗按每亩地 7 000株归圃栽植，第二年再进行嫁接，归圃要注意在运输过程中避免根系失水，栽植深度要求根颈比地面低 5cm，归圃后及时浇水。

（3）平茬。平茬就是将实生苗在地面处或略高于地面处剪断。一般在第二年土壤解冻后及时进行（河北、山西在 3 月 20 日之前完成），平茬前要先浇水。

（4）除萌。平茬后会萌发萌蘖，只选留一个生长健壮的，其他的萌蘖都要从基部去掉，注意一定要去除干净。除萌在 4 月上中旬，当萌蘖长到 10～15cm 时及时进行。一般要进行 2 次，以第一次为主，第二次进行 1 次复查。两次除萌间隔不超过 10 天。

（5）施肥浇水。及时施肥和浇水，肥料要少量多次施入，每次浇水结合亩施尿素 10～20kg。一般到嫁接前最少要浇 4～5 次水，第一次在平茬前进行；第二次在萌芽前后；第三次在第一次除萌后进行；第四次在第二次除萌后进行；第五次在嫁接前 1～4 天进行。

（6）病虫害防治。病虫害主要是受金龟子危害。在萌芽前后，可喷氯氰菊酯或功夫等进行防治。

第二节　核桃苗圃地嫁接

一、采穗圃的建立和管理

核桃嫁接时对接穗质量要求很高，大量结果后的核桃树（尤其是早实核桃），很难长出优质的接穗。因此，要建立良种采穗圃，应培育优质接穗。

（一）采穗圃的建立

采穗圃应建在地势平坦、背风向阳、土壤肥沃、有灌排条件、交通方便的地方，尽可能建在苗圃地内或附近，以保证当天采集的接穗当天能够运回，越快越好。采穗圃以生产大量优质接穗为目的，要求品种一定要纯正、无病虫害、来源可靠。采穗圃的株行距一般株距为2~4m，行距为4~5m。

（二）采穗圃的管理

（1）整形修剪。由于优质接穗多生长在树冠上部，树形多采用开心形、圆头形或自然形，树高控制在1.5m以内。修剪主要是调整树形，疏去过密枝、干枯枝、下垂枝、病虫枝和受伤枝。在萌芽前必须重剪，要求将中短结果枝疏除，将长果枝和营养枝中短截或重短截，促其抽生较多的长枝。对外围用于扩大树冠的骨干枝修剪要轻，有利于树冠扩大。

（2）抹芽。抹去过密、过弱的芽，如有雄花应于膨大期前抹除，以减少养分无效消耗。

（3）采集接穗前要摘心。春季新梢长到10~30cm时，对生长过强的新梢进行摘心，促进分枝和上部接芽老熟，增加接穗芽的数量，防止生长过粗不便嫁接。摘心要有计划地分批进行，防止摘心后接穗抽生二次枝不能利用。

（4）肥水管理。定植后每年秋季要施基肥，每亩3 000~

4 000kg。追肥和灌水的重点要放在前期，施肥以氮肥为主。立地条件好的在萌芽前一次性施入，立地条件差的在萌芽前和开花后（5 月初）分两次施入，每次每亩 20kg。也可根据树龄 2~3 年生的采穗圃每株施尿素 0. 25~0. 5kg，4~6 年生施 1~1. 5kg。浇水要结合施肥进行，萌芽前（3 月）浇水 1 次，新梢速长期（5 月）浇水 2~3 次。夏秋季适当控水，以防徒长并控制二次枝，10 月下旬结合施基肥浇足冻水。每次浇水后中耕除草，雨季要注意排涝。

（5）采穗量。采穗过多会因伤流量大、叶面积少而削弱树势，因此，不能过量采穗。一般定植第二年每株可采接穗 1~2 条；第三年 3~5 条；第四年 8~10 条；第五年 10~20 条；以后要考虑树形和果实产量，并在适当时机将核桃采穗圃转为丰产园。

（6）病虫害防治。由于每年大量采接穗，造成较多伤口，极易发生干腐病、腐烂病、黑斑病、炭疽病等。一般在春季萌芽前喷 1 次 5 波美度石硫合剂；6—7 月每隔 10~15 天喷等量式波尔多液 200 倍液 1 次，连续喷 3 次。圃内的枯枝残叶要及时清理干净，以减少病虫源。

二、接穗的采集及处理

（一）接穗的采集

为了提前嫁接，前期采集的接穗有效芽可掌握在 3 个，所剪枝条保留叶片 2~3 个即可，剪接穗时注意，剪断的部位尽量低一点，保证剪下的接穗最下面一个芽可以利用。中后期采集的接穗有效芽要掌握在 5 个以上，所剪枝条保留叶片 3~4 个以上。为了提高接穗的利用率，在接穗采集前 7 天，对要采集的接穗进行摘心处理，可以促进上部接芽成熟，每个接穗可以多出 1~2 个有效芽。采后立即去掉复叶，留 1~1. 5cm 长的叶柄。如就地嫁接，可随采随接。

【提示】采集接穗的剪口和枝条要垂直，这样接穗的伤口较小、失水较慢，还应注意叶片要随剪随去，防止叶片失水对接芽造成损害。

（二）接穗的储运

核桃芽接接穗保存期较短。接穗在采集、运输、储藏、嫁接整个过程中都要注意遮阴和保湿。外出采集必须带湿麻袋，在采集过程中随时打捆，放到阴凉处盖上核桃剪下的叶片暂时存放，在运输车下面要多垫一些湿核桃叶，然后立即入窖（地窖要提前灌水提高湿度），在大苗圃地嫁接集中的地方可挖一个储存接穗的小地窖，用来临时储藏接穗。异地或远地嫁接，通常需要用塑料薄膜包裹，最好进行低温、保湿运输，以减少接穗水分散失。

三、接方法

核桃嫁接较难成活。近年来，芽接育苗技术逐渐成熟和普及，该技术简便、经济、高效，采用单开门方块形芽接，已经广泛地应用于生产中，成为核桃育苗的主要方法。具有繁殖速度快、省工、省料、成本低、苗木质量高等特点。

1. 嫁接时期

播种后第二年的 5 月下旬至 6 月下旬，当砧木苗基部粗度达到 1cm 左右时嫁接为宜。在有接穗的条件下，砧木只要达到 0. 8cm 以上就应及时嫁接，嫁接时间越早越好，一般在 5 月 25 日左右开始嫁接，嫁接苗当年就能够出圃。第一次嫁接在 6 月 15 日前完成。补接工作最晚不迟于 7 月 5 日。嫁接半成品苗可在 7 月 10 日至 8 月 5 日之间进行。

2. 接穗采集

选取健壮发育枝作接穗，接穗剪下后随即剪掉叶片，只保留叶柄 1~1. 5cm，并用湿麻袋覆盖，以防止失水。

3. 接穗存放

要现采现用。短期保存时，需将接穗捆好后竖着放到盛有清水的容器内，浸水深度 10cm 左右，上部用湿麻袋盖好，放于阴凉处，每天换水 2~3 次，可保存 2~3 天。

4. 嫁接方法

采用单开门方块形芽接技术。可分为带叶柄双层膜法和不带叶柄单层膜法两种，为了防雨水进入，多用带叶柄双层膜法嫁接。

（1）嫁接工具。用小钢锯条自制小刀或用芽接刀（图 3-3）。

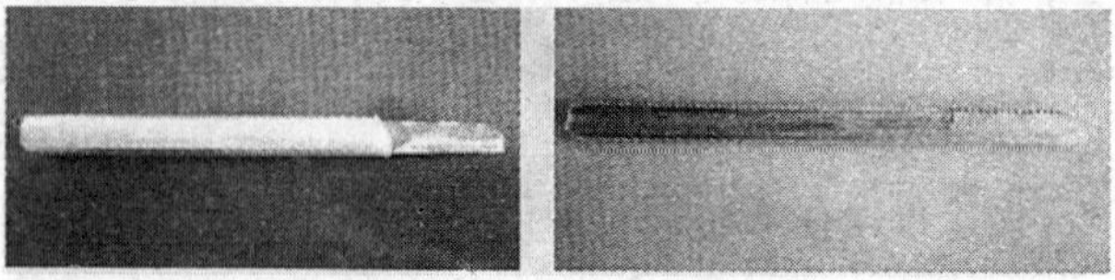

图 3-3　嫁接工具

（2）落腿。嫁接前先将砧木苗下部的 4~5 个叶片去掉。

（3）切取芽片。先把接芽的叶柄从留在距枝条 1cm 左右基部削掉，在接穗接芽上部 0.5 cm 处和叶柄下 0.5~1cm 处各横切一刀深达木质部，要求割断韧皮部，然后在叶柄两侧各纵切一刀，深达木质部但不割断木质部，取下芽片。

（4）砧木单开门切割。在砧木离地面 15cm 光滑处，上下各横切一刀，两刀口相距长度与所取芽片长度一致，宽度为 1.2~1.5cm，然后再在外侧纵切一刀，割断韧皮部不伤木质部。随后用小刀从侧切口处将砧木的皮挑开，挑开后撕去 0.6~0.8cm 宽的砧皮。

（5）镶芽片。将芽片镶到砧木开口处，上面对齐，芽片镶到里面去，不要将芽片盖到砧木外，在镶芽片和绑缚过程中不要将芽片在砧木上来回摩擦，避免损伤形成层。

（6）绑缚。第一层膜用宽 2. 5cm，厚 0. 014~0. 02mm 的塑料条自下而上绑缚，用力要适中，绑缚叶柄时注意力度，使接芽的护芽肉部分贴到砧木上，不要用力过大。绑缚时注意不要绑住接芽。第二层膜用宽 12 cm 的地膜将接芽包好，下部松一些，上部要绑死绑紧，防止雨水进入（图 3-4）。

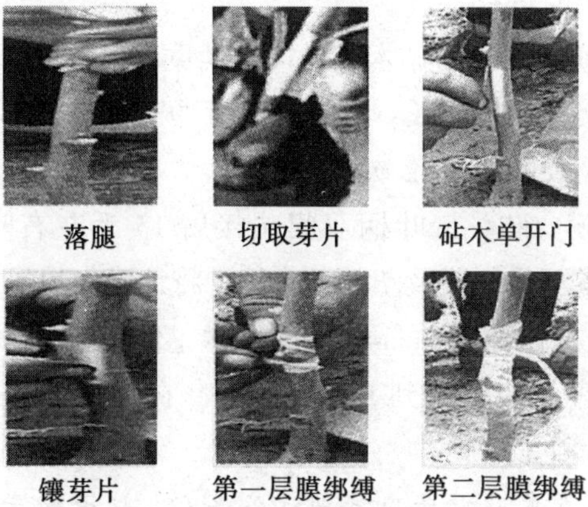

图 3-4　带叶柄双层膜单开门方块芽接

（7）剪砧。接好后，在接芽上留 2~3 个复叶剪砧，等到接芽长到 5~10cm 时，再在接芽上 3cm 处剪掉砧木，去掉绑缚塑料条（图 3-5）。

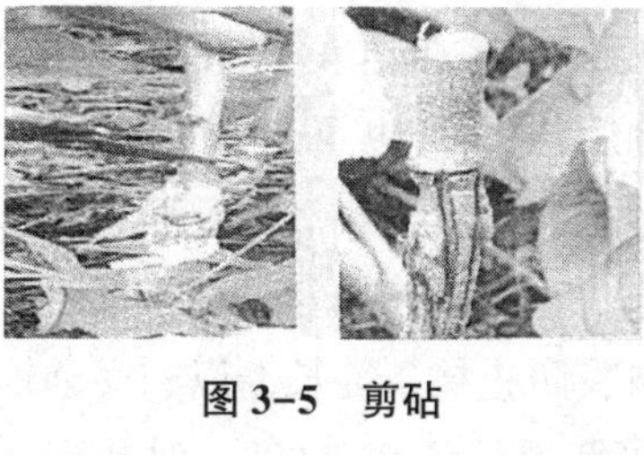

图 3-5　剪砧

不带叶柄单层膜法取芽片操作时，把接芽的叶柄从基部削掉（不要叶柄），绑缚时用宽 2. 5cm，厚 0. 014~0. 02mm 的塑料条一次性绑缚，自下而上，把芽片包严，但不要包住接芽。其他方法和步骤与带叶柄双层膜法相同。

四、接后管理

（1）检查成活和补接。芽接后15~20天即可检查成活，对于未成活的应及时进行补接。

（2）除萌。嫁接后砧木容易产生萌蘖，应在萌蘖幼小时及时除去，促进接芽萌发生长，以免与接芽争夺养分，影响嫁接成活率。嫁接后需要除萌1~2次。

（3）去膜剪砧。带叶柄双膜法接后15天左右叶柄脱落后，先浇一遍水，再将地膜及塑料条去掉。将地膜去掉后2~3天（或去膜同时），在接芽上3cm处剪掉砧木，促使接芽萌发。不带叶柄单层膜法等到接芽长到5~10cm时，在接芽上3cm处剪掉砧木，促使接芽生长。

【提示】在剪砧以后应特别注意浇水，地面较干砧木容易发生灼烧现象，接芽容易抽干死掉，可根据具体情况连浇2~3次水。同时要注意及时去除砧木上的萌芽。

（4）绑支柱。核桃枝条较粗、叶片较重、新梢生长较快时，很容易造成风折，暴风雨天气更为严重。在风大地区，当新梢长至30~40cm时，应及时在苗旁立支柱引绑新梢。

（5）肥水管理。当嫁接苗长到10cm以上时，应及时施肥、灌水，促进枝条加速生长。也可进行叶面施肥，前期以氮肥为主，后期增施磷钾肥，避免造成后期徒长。从8月上中旬开始控制肥水，叶面喷施300倍多效唑和磷酸二氢钾2~3次，使枝条充实健壮，枝条老熟，防止枝条徒长，以利安全越冬。

（6）摘心。当新梢长到80~90cm时或到8月下旬至9月上旬，及时摘心，促其停长成熟，储存较多的养分，防止秋后贪青徒长，产生冻害和抽条。

（7）病虫害防治。在生长期，要及时防治各种病虫害，虫害主要有黄刺蛾和棉铃虫，黄刺蛾食叶、棉铃虫为害新嫁接芽片的嫩芽。以高效氯氰菊酯、功夫等杀虫剂防治为主。9 月下旬至 10 月上旬，及时防治浮尘子在枝干上产卵危害。生长后期易染细菌性黑斑病，要注意在 7 月中下旬开始，每间隔 15 天喷 1 次农用链霉素或其他防治细菌性病害的杀菌药，共喷 3~4 次。

（8）培土防寒。冬季寒冷、干旱和风大的地区，为防止接芽受冻或抽条，在土壤封冻前应在嫁接苗根际培土防寒，培土厚度应超过接芽 6~10cm。春季解冻后及时扒开防寒土，以免影响接芽的萌发。对于生长较高的苗木，可将苗木弯倒后再进行培土防寒。

第三节　苗木出圃

一、起苗

（1）起苗前的准备。核桃是深根性树种，主根发达，起苗时根系容易受到损伤，且受伤之后愈合能力较差。因此起苗时根系保存的好坏对栽植成活率影响很大。为减少伤根和容易起苗，要求在起苗前一周要灌 1 次透水，使苗木吸足水分，这对于较干燥的土壤更为重要。

（2）起苗时期。由于北方核桃幼苗在圃内有严重的越冬“抽条”现象，所以起苗时期多在秋季落叶后到土壤封冻前进行。根据当地的气候条件，一般在 10 月底至 11 月初开始起苗。对于较大的苗木或“抽条”较轻的地区，也可在春季土壤解冻后至萌芽前进行起苗，或随起苗随栽植。

（3）起苗方法。核桃起苗方法有人工和机械起苗两种。人工起苗要从苗旁开沟、深挖，防止断根多、伤口大，力求多带侧根和细根。在起苗时，根未切断时不要用手硬拔，以防根系劈裂。苗木不能及时运走时必须临时假植。对少量的苗木也可带土起苗，并包扎好泥团，以最大限度地减少根系的损伤，防止根系损失水分。

【提示】机械和人工起苗都要注意苗木根系完整，主根的长度要掌握在 25cm 左右。要避免在大风或下雨天起苗。

二、苗木分级

苗木起出后首先要进行分级，分级场地要进行遮阴保护，同时还应避风，以减少水分损失。分级采用人工挑选法，根据标准进行苗木分级。

核桃苗木的分级要根据苗木类型而定。对于核桃嫁接苗，要求品种纯正，正确合理选择砧木；地上部枝条健壮、充实，具有一定的高度和粗度，芽体饱满；根系发达，须根多，断根少，主根长度 20cm 以上，侧根 15 条左右；无检疫对象、无严重病虫害和机械损伤；嫁接苗接合部位愈合良好。在此基础上，依据嫁接口以上的高度和接口以上 5cm 处的粗度（直径）两个指标将核桃嫁接苗分级。

三、苗木假植

起苗后不能及时外运或栽植时，必须进行假植；根据假植的时间长短，可分为短期假植和长期（越冬）假植两类。短期假植时间一般不超过 10 天，可挖浅沟，用湿土将根系埋严即可，干燥时可及时洒水。

越冬长时间假植时，假植地应选地势平坦、避风、排水良好、交通方便的沙地或沙土地，地块不要太分散，要便于管理看护。在挖沟前 1~3 天将假植苗木的地块浇一下水，水要大，要注意根据进度浇水，不要一次将所有的假植地块儿都浇完。假植沟方向应与主风方向垂直，一般为南北方向。沟深 0.8～1m、宽 1.2～1.5m，沟长视苗木数量而定，一般小于 50m。假植时在沟的一头先垫一些松土，将苗木向南按 30°～45°角倾斜放入。之后向沟内填入湿沙土，然后再放第二批苗，依次排放，使各排苗呈覆瓦状排列，树苗不许重叠，根部要用碎土埋，尽量用土把根缝灌满，培土深度应达苗高的 3/4，当假植沟内土壤干燥时应及时洒水，假植完毕后用土埋住苗顶。土壤封冻前，将苗顶上层土加厚到 20～40cm，并使假植沟土面高出地面 10cm 以上，整平以利排水。春季天气转暖后要及时检查，以防霉烂（图 3-6）。

图 3-6　苗木假植

【注意】苗木假植时，不能用干土埋树苗。

四、苗木包装和运输

（1）苗木包装。根据苗木运输的要求，苗木应分品种和等级进行包装，包装前宜将过长的根系和枝条进行适当剪截，一般每 20 株或 50 株打成 1 捆，数量要点清，绑捆要牢固。并挂好标签，最好将根部蘸泥浆保湿。包装材料应就地取材，可用稻草、蒲包、塑料薄膜等。可先将捆好的苗木放入湿蒲包内，喷上水，外面用塑料薄膜包严。写好标签，挂在包装外面明显处，标签上要注明品种、等级、苗龄、数量和起苗日期等。

数量大、长途运输的，要先用保湿剂（保水剂+生根粉+杀菌剂）蘸根，再用塑料袋将根系包好；邮购或托运的，先将苗木整理好，标明数量、规格，装到塑料筒内，加上湿锯末或蛭石保湿，然后放到包装箱内，外套蛇皮袋，用打包机打好（图 3-7 至图 3-10）。

图 3-7　蘸保湿剂

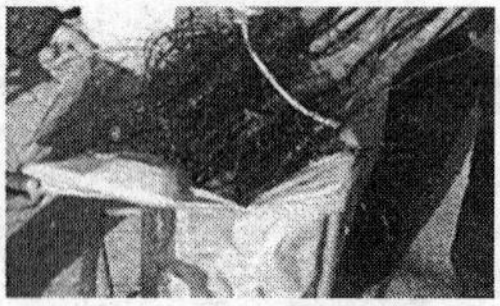

图 3-8　准备装袋

图 3-9　包装好的苗木

图 3-10　准备托运的苗木

（2）苗木运输。核桃苗运输过程中，根系容易失水受损，应注意保护。必须用篷布把车包好。苗木外运最好在晚秋或早春气温较低时进行。要做好检疫工作。长途运输要加盖苫布，并及时喷水，防止苗木干燥、发热和发霉，严寒季节运输，注意防冻，到达目的地后应立即进行栽植或假植。

第四章　核桃高效栽培技术

第一节　间　作

核桃园间作，在国内外均有成功的实例，在生产上也日益受到重视。间作，可以充分利用光能、地力和空间，特别是可以提高幼龄核桃园的早期经济效益。例如，单一种植的早实核桃园，需4年时间才能达到收支平衡，而间作栽培的核桃园则在建园当年就因间种作物的收益而达到收支平衡。间作物的种类，国外主要在行间种植绿肥作物，如三叶草、紫苕子或豆科作物，目的在于抑制草荒，增加有机质。国内间种的植物种类较多，包括薯类、豆类等低秆作物，禾谷类作物，以及果树如甜樱桃、李子、杏、桃、苹果树或培育各种果树苗等。不过，从有利于核桃生长发育的角度考虑，间作应以果粮间作为主，且必须以核桃为主体。间作的方式，依作物种类的不同，可分为水平间作和立体间作两种。

一、水平间作

水平间作的植物种类，与核桃树的生长特点相近，如间种矮冠型果树等，主要采取行间间种的方式，一般为隔行间种。如辽宁省经济林研究所进行的核桃与桃树间作，行距均为5m，核桃与葡萄间作，行距均为4m；山东省果树研究所进行的核桃与山楂间作等，均属水平间作。

二、立体间作

立体间作，是指间种作物种类的株型，均比核桃树矮小，是利用核桃树下层空间进行生产。如间种食用菌、瓜类、树苗和中草药等矮秆作物。一般可种在核桃树的行间或树下。我国目前应用的立体间作模式较多，其经济效益也较高。例如，“七五”攻关协作组新疆点，利用核桃行间培育果树苗木，或栽培西瓜、小麦和白菜等，每年每亩净产值达 2 800元或更多。近年来，有些地方采用“三层楼式”立体间作模式，其中核桃树（乔木）为第一层，行间中央栽种花椒（灌木）为第二层，花椒行两侧间种的谷、黍或豆类作物为第三层。如“七五”攻关协作组山东点的立体栽培模式，为核桃、山楂和西瓜，3 年平均每亩产值达 1 589元。

第二节　幼树防寒

核桃幼树枝条髓心大，含水量较高，抗寒性差，在北方比较寒冷干旱的地区，越冬后新梢表皮皱缩干枯，俗称“抽条”，妨碍幼树树冠的形成。因此，在定植后的 1~2 年内，需进行幼树防寒工作。具体做法有以下 3 种。

一、土埋防寒

在冬季土壤封冻前，把幼树轻轻弯倒，使其顶端接触地面，然后用土埋好。埋土厚度视当地的气候条件而定，一般为 20~40cm。待第二年春季土壤解冻后，及时撤土，把幼树扶直。此法虽费工，但效果良好。据北京市林业果树研究所 3 年的试验证明，此法可有效地防止抽条的发生。

二、培土防寒

对粗矮的幼树，如不易弯倒，可在树干周围培土，最好将当年生枝条埋严。幼树较高时，不宜用此法。

三、涂白防寒

幼树涂白，可缓和枝干阴阳面的温差，防寒效果较好。宜在土壤结冻前涂抹。涂白剂的配方是：食盐0.5kg，生石灰6kg，清水15L，再加入适量的黏着剂和杀虫灭菌剂。也可用石硫合剂的残渣遍涂幼树的枝干。

第三节　地面覆盖

在树冠下面，用鲜草、干草、秸秆或地膜等覆盖地面，可以抑制杂草生长，减少地表水分蒸发，保持土壤湿度。覆盖物腐烂后，能增加土壤有机质，改善土壤结构，提高土壤肥力。地面覆盖，是旱作条件下有效的保墒措施之一。如北京市林果所试验表明，于3月下旬用2m×2m的地膜覆盖大树树干周围的地面，可使土壤含水量提高0.4%~6%。于4月中旬在树冠投影范围内覆盖10cm厚的杂草并覆土，可使土壤含水量提高0.2%~4.1%。这两种方法保墒效果都很明显，且以最干旱的5月为最佳。

第四节　低产树的改造

我国现有核桃树两亿多株，结果树在1亿株以上，除近些年发展的早实良种核桃树外，相当一部分都是结果少甚至不结果的低产树。这些低产树的存在，直接影响着核桃园的经济效益。因此，尽快改造低产树，是我国目前核桃生产中的紧迫问题。

改造现有低产核桃树（园），应该从综合管理入手，因地制宜，对症下药。目前，主要有高接改换良种、改善立地条件和加强配套栽培措施等途径。

一、高接换优

在立地条件较好，树龄不太大（一般为三十年生以下），树势较好，但产量很低且品质不佳的实生核桃园，可采用高接改换优种的措施。我国绝大多数核桃产区，过去沿用实生繁殖，致使核桃树株间差异很大，坚果品质良莠不齐，有些单株成年树结果很少。这样，核桃栽培业经济效益很低。通过高接，可使这一部分核桃树迅速改为优良品种，从而大幅度提高产量和品质。

20 世纪 80 年代以来，核桃树高接技术在我国河北、山东、河南、甘肃、辽宁、北京和新疆等地推广，均有成功的实例。例如，河南浚县对未结果或产量很低的十四年生实生树，高接优良品种“辽宁 1 号”，接后 3 年，其产量比对照树增加 3.1 倍，而且品质大大提高。“七五”攻关协作组，曾系统研究了高接换优技术，并取得重要进展，嫁接成活率已得到稳定提高。其中在多头高接中，接株成活率可达 100%，接头成活率稳定在 87%以上。如今，该项技术已在豫、晋、冀、辽、新等省、自治区推广应用达 1 333.4hm^2（2 万余亩）。核桃树高接换优的技术要点如下。

（一）砧、穗选择与处理

进行核桃树高接换优，应以坚果品质好，丰产性、抗逆性均强的优良品种或优秀系作采穗母树，选择发育充实、无病虫害与直径为 1~1.5cm 的发育枝，或早实核桃的二次枝，从枝条中下部髓心小、芽子饱满的部位截取接穗。每个接穗保留2~3个饱满芽，用 95~100℃石蜡液封严，贮存在 10℃温度条件下备用。切忌使接穗萌动。砧木应选用六至三十年生低产劣质的健壮树，于嫁接前7天，按原树冠的从属关系锯好接头。幼龄树可直接锯断主干，初结果和结果大树，则要多头高接。多头高接时，锯口应距原枝基部20~30cm。如在有伤流期嫁接，则应在正式嫁接前4~7天，于树干基部距地面20~30cm处，螺旋式锯3~4个据口，深度达木质部1cm左右，让伤流液流出（即放水）。如伤流过多，也可于接头基部再做1~2个放水口。嫁接部位砧木直径以5~7cm为宜，最粗不超过10cm。砧木过粗，不利于接口断面愈合。

（二）嫁接时期和方法

嫁接时期，以从芽萌动到末花期为宜（我国北方地区多为4月中下旬或5月初）。各地可根据当地的物候期等情况，确定适宜的时期。嫁接方法以插皮舌接法为好。依砧木的粗细，每个接头可插1~4个接穗。实践证明，砧桩直径为2~5cm时，可插1~2个穗，5~8cm时插2~3个穗，8~10cm时插3~4个穗。这样，3年以后基本上可完全愈合。如嫌接活的新梢多，可在原砧桩断面愈合包严后再选留。

（三）接穗保湿法

接穗保湿法，有蜡封法和纸袋保湿法两种。后者的具体做法是，嫁接完成后，用旧报纸从接口往上围绕接穗卷成纸筒，筒内装满湿土或湿木屑、湿蛭石等，包住接穗，然后在纸筒外套上塑料袋，将下封口在接口以下绑紧即可。两种方法中，以蜡封法操作简便，省工低耗，成活率也较高。

（四）嫁接后管理

一般在嫁接后20天左右，接穗开始萌芽抽枝。对纸袋保湿法来说，应在看到小枝抽生后，即将纸袋破一小口放风，使小枝的嫩梢伸长。放风口应由小到大，不可一次开口过大，更不能解包。总的原则是，放风宁晚勿早，以防幼梢抽干死亡，以及袋内湿度干燥。当新梢长到20~30cm高时，应绑支棍固定新梢，以防风折。接后60天检查成活率，并去掉绑缚物。对接口以下萌发的枝条，在接芽未成活前，可暂时保留1~2个，待接芽成活后，全部剪除。如接芽已死，应进行补接。补接的方法是，在未接活砧桩的萌条基部，进行芽接或绿枝劈接。芽接时间在7—8月，枝接时间，北方地区为5月中旬至7月。

（五）改接树的修剪

核桃树高接改优后形成的新树冠，由于接枝抽生部位比较集中，发枝较多，如任其自然生长，则树冠比较紊乱，难以形成主从分明的树冠结构。早实核桃的这种现象比晚实核桃更为严重。因此，在核桃树高接后的3~4年内，应注意主侧枝的选留，培养好新的骨架。若接口附近发枝太多，则应按去弱留强的原则，及时去除细弱枝，并对保留枝进行适当短截，然后采用整形修剪方法，将其培养成良好的树冠。

（六）改接园的管理

对于高接换优核桃园，应加强管理。否则，会因大量结果，营养供应不良，而导致树势早衰，产量下降。据“七五”攻关协作组河南试点的研究结果显示，接后管理与不管理的树相比，改接后5年，平均株产坚果量可相差3倍（表4-1）。

表4-1 栽培管理措施对改接树产量的影响

项目	调查株数	树势	改接后逐年平均株产量（kg）					
			第一年	第二年	第三年	第四年	第五年	五年平均
间作，中耕除草	128	旺	0.45	2.35	2.48	3.37	3.45	2.42
不管理	50	弱	0.42	1.37	0.41	0.54	0.29	0.61
未改接（对照）	48	旺	0.10	0.31	0.09	0.44	0.45	0.23

二、改善立地条件

对于土壤条件较差、水土流失严重的山地核桃园，尤其对那些尚处于中幼龄阶段、具有较大发展潜力的核桃园，应及时改善其不良的立地条件，为核桃生长发育创造良好的环境。具体的改良措施是，一方面做好水土保持工作，如修筑梯田，挖撩壕、鱼鳞坑等。有条件时可在梯田埂、壕边上种植紫穗槐和沙打旺等多年生绿肥作物，以固土保水和增加肥源。另一方面要翻耕土壤，扩大根系的活动范围，每年挖扩树盘，直到树盘相接为止。翻土深度为50~60cm，宽40~50cm，在回填土壤时，要把表土填入底层，如能分层压入绿肥，则更为理想。

三、加强综合管理

对于盛果期核桃大树，如果长期弃管，树势会逐渐衰弱，且极易发生严重的病虫危害，致使产量大幅度下降。此时，需要实施综合管理技术措施，才能恢复树势，提高产量。其主要技术措施如下。

（1）加强土、肥、水管理。在秋末冬初，进行全园翻压。平地核桃园，以机耕为佳，深度在20cm左右。如在夏季翻压，可稍浅些，以免过多地伤根而影响树体生长。翻压既能疏松土壤，消除土壤板结状况，又可将杂草压入土中，待雨季沤烂后增加土壤肥力。对多年弃管的弱树来说，加强土、肥、水管理尤为重要。施肥以厩肥、氮肥为主，并以二者同时施用效果为好。在草源多的山区，也可就近堆沤绿肥或树盘压青。追肥宜早春施一次速效性氮肥，这样有利于前期生长和雌花芽的形成。施肥量应高于正常树，并于施肥后立即灌水。

（2）调整树冠结构。放任低产树，由于多年不修剪，大多表现为树冠内膛空虚，结果部位外移，枯枝较多；或枝条过多，树冠郁闭，通风透光不良；还有的树冠大枝过多，结果枝很少。这类树改造时应因树制宜，适树修剪。具体做法是：首先调整树形，对有明显主干的植株，可调整成主干疏散分层形或变则主干形，将树冠分成2~3层，共保留5~7个主枝。无明显主干者，可调整成自然开心形，交错留3~4个主枝。其次调整侧枝数量及分布。侧枝的选留，应考虑到结果枝组的培养。总的原则是，分布均匀，疏密适当，有利于生长和正常结果。再次是处理外围枝，剪除外围的下垂枝和冗长细弱枝，有空间者可重回缩，以促发壮枝。剪除干枯枝、重叠枝、交叉枝、过密枝及病虫枝，保留生长健壮的外围枝，并使之分布均匀。如果外围枝大部分为短果枝和雄花枝，可适当疏除或回缩。最后是注意结果枝组的培养，主要是在树冠内部，相隔适当的距离（0.8m左右），培养若干结果枝组，增加结果部位。

调整树冠时应注意，对壮旺树需要疏除较多大枝时，应分年分批剪除，以免一次疏除过多，造成过旺生长。此外，经过改造的大树，内膛易萌发许多徒长枝和发育枝。对此，可根据空间和枝条的生长情况，采取先放后缩或先截后放的方法，将其培养成健壮的结果枝组。

（3）注意栽培措施的综合应用。综合技术措施，是指所有能够促进核桃树体生长和结果的各项管理措施的综合运用。

实践证明，与施用单项技术措施相比，综合技术更有利于提高核桃的产量。例如，河南省林州市曾对2.12万株核桃树采取修剪、深翻改土、扩树盘、高接换优和防治病虫等综合管理措施，结果产量比管理前提高134.5%~146.9%，投入产出比为1∶29.5。河南省核桃综合技术研究协作组对结果大树进行综合技术（扩盘、中耕、施肥、修剪和防治病虫等）管理，使产量较对照树增加4倍以上。河北农业大学与涞水县林业局合作，于1982—1985年，采用综合管理技术，使1 009株生长40~80年的大树由低产变高产，管理后第三年产量提高 40%，好果率提高到 99.1%。在北京和山西进行了配套栽培措施研究，结果表明，组装配套技术（包括翻耕、施肥、疏雄、修剪和种绿肥等不同处理组合），不仅可以促进放任多年核桃大树的生长和大幅度提高产量（123%~279%），而且还能提高土壤的有机质含量和改善土壤的肥力状况。

第五节　密植丰产园的管理

密植丰产，是现代果树栽培的一大趋势。它具有收益高，见效快，适于产业化经营等优点。核桃的早、密、丰栽培技术，20 世纪 70 年代在我国的山东和辽宁等地，就开展过小面积试验。近年来，随着生产条件的改善和核桃品种化、良种化的发展，核桃密植丰产技术日益引起人们的重视，各地已相继建成一批密植丰产园。如辽宁省经济林研究所，利用“辽宁 1 号”早实核桃品种营建的密植园，六年生果园每亩产坚果 211.3kg，八年生果园每亩产量达到 277.2kg。随着核桃商品化要求的发展，核桃生产将逐渐实现产业化、基地化，密植丰产园的建设必将得到更大的发展。

一、密植丰产园的产量标准

早实、密植、丰产，是密植丰产园建设的基本特点，其中丰产是主要目的，一切栽培技术措施，最终都应围绕着丰产这一目标来制订和实施。核桃园营建成功与否，也应以其是否达到丰产标准来衡量。丰产的标准，主要依据不同年龄核桃树的结实规律、立地条件和栽培管理水平而确定。我国核桃国家标准（GB 7907—87），对密植核桃园丰产标准的规定如表 4-2 所示，可供建园时参考。

表 4-2　密植核桃园丰产标准

树龄（年）	5	7	10	14	20
产量（kg/亩）	45	75	105	150	225

二、密植丰产园的品种要求

密植丰产园的建设，对品种有特殊的要求，这是由密植丰产园自身的特点所决定的。

（一）早结果

密植丰产核桃园栽培密度大，要求所用品种必须具有早实性，一般应于栽后 1~3 年开花结果。40 多年来，我国已从新疆、陕西早实核桃类群中选择、培育出几十个早实核桃良种或优秀系，为核桃的早实丰产提供了前提条件。

（二）早丰产

密植核桃园的丰产性，主要取决于两个基本要素，一个是单位面积上的栽植密度，另一个是所用品种的丰产性能。这里的丰产性，不仅仅是指产量高，而且还要求早期丰产性好。因为只有当单位面积栽植密度大，所用品种早期丰产性好时，密植园才能见效快，收益高。早期丰产性好的品种特点是：分枝力强，一般 2~3 年生已开始大量分枝，多呈短枝型，结果枝比例可占总枝量的 85%以上。

（三）树体偏矮与树形紧凑

密植丰产核桃园由于栽植密度大，故要求所用品种树体矮小紧凑。紧凑型品种表现为枝条短、节间短。例如，辽宁省经济林研究所培育的“辽宁 2 号”核桃品种，其五年生树高只有 1. 5m，仅相当于正常早实核桃株高的 1/2，加之它枝条短、树冠小、产量高，故很适宜于密植栽培。

（四）抗病性强

密植丰产核桃园栽植密度大，肥水条件好，园内湿度大，通风透光条件相对较差，极易诱发各种病害。故所用品种应该表现出良好的抗病性。

（五）品质优良

密植丰产核桃园结果早、产量高、商品化生产程度高。故所用品种应保证品质优良，在市场上有竞争力，以提高产品的商品价值和果园的经济效益。

三、密植丰产园的主要栽培管理技术

（一）选择合适园址

密植丰产栽培，对土、肥、水的要求，要比一般生产水平标准高。所以，选园址时应尽量选择地势平坦或坡度小、土壤深厚肥沃、具备排灌条件、背风向阳、交通方便和便于实施各种作业的地方建园。

（二）细致整地

栽植前，应根据所选园地的地形和土壤特点，因地制宜地进行整地。一般有两种整地形式：一种是在坡地上建园，应先修好水平梯田，然后在梯田面上按一定的株行距，挖栽植坑或栽植沟。另一种是平地建园，应先将土壤深翻熟化、整平，然后再挖栽植坑。栽植坑的大小为长、宽各 1m，深 0.8m。对栽植坑回填土时，要混拌农家肥，每株用量为 50kg 左右。

（三）选用合格嫁接苗

选择良种壮苗，是关系到密植丰产核桃园成败的关键。为保持良种的一致性，必须采用优良品种嫁接苗木，不可用实生苗。在生产上，既可直接用健壮的嫁接苗建园，也可先定植发育健壮的砧木苗，至第二年再嫁接良种。但以前者的建园成本低、收效快。无论采用哪种方法，都要保证苗木的健壮和整齐一致，并注意雌雄异熟品种的搭配。

（四）合理密植

制定合适的栽植密度，也是密植丰产核桃园建园的关键步骤。单位面积栽植株数的多少，直接决定着核桃园的整体产量。有研究表明，幼龄核桃园在一定年限内，产量随密度的加大而提高，如株行距为2m×3m（每亩栽112株）和株行距3m×3m（每亩栽75株）与株行距4m×6m（每亩栽28株）相比，前二者五年生树产量分别是后者的4.8倍和2.8倍。当然，并非密度越大越好。科学试验表明，早实核桃以4m×5m的密度长期效益较好。

为了争取达到早期丰产和后期高产稳产的目的，生产上可以采取计划密植栽培法。即开始采用中、高密度（50~100株以上/亩），当树体即将互相遮阴时，再间伐或移植成低密度（30株左右/亩）。具体的栽培密度，应依据园地的立地条件、品种特性以及当地管理水平而定。一般初始密度在每亩40~80株（株行距为3m×5m至2.5m×3m）。在这种密度下，利用短枝型品种，辅之以每年适度修剪，来推迟郁闭期，核桃园正常生长可以维持10~15年，每亩年产量可在150~250kg以上。此后，便可依据郁闭程度，适度间伐。

（五）增施肥料与疏花疏果

增施肥料，是密植丰产核桃园高产稳产的保证。施肥的依据是土壤养分状况、每亩株数、树体生长势以及结实量的多少等。一般每年每亩应施入农家肥2~3t，追施化肥（以复合肥为准）30~40kg。农家肥应在晚秋或早春施入。追肥2~3次，一般在开花前、果实硬核前和果实采收后进行。除及时施肥外，对一些坐果率高、年年挂果较多的品种，应及时疏除一些雌花或幼果，以减少养分的消耗，保证生长与结果的平衡和连年丰产。要创造条件，测土施肥。

（六）适时灌水

保证有足够的水分供应，是提高核桃产量、改善品质必不可少的条件。尤其在果实迅速生长期，如果缺水，会直接影响果实的发育，导致坚果变小和核仁干瘪。密植核桃园因单位面积株数多，结果量多，对水分的需求量比稀植园要多，因此要保证在核桃整个生长期内的水分供应。具体的灌水时间和次数，可根据当地的实际情况而定。

（七）整形修剪

密植丰产核桃园由于栽植密度较大，培养良好的树形，控制枝条的迅速扩展，便显得更为重要。通常定干高度为50cm左右，以主干分层形或变则主干形的树冠结构为宜。一般不宜整成开心形。总的修剪原则是，充分利用空间和光照条件，树形应有利于早期丰产和持续丰产。具体修剪方法，可参考本书早实核桃修剪部分。

第五章　土肥水管理技术

土肥水管理是果树生产中的基础内容和根本措施。核桃树是多年生植物，树大根深，长期生长在一个地方，必须从土壤中吸收大量的营养物质，才能满足其生长发育的需要。我国的核桃园往往建立在土壤条件较差的山地、沙地和盐碱地，土壤有机质含量低，水利设施配套差。为了提高核桃园的生产效益，确保早结果、早丰产、稳产、优质，只有在果园的土肥水管理上下功夫。

第一节　土壤管理

土壤资源只有在合理开发利用和管理的基础上，才能充分发挥其应有的作用，如果在农业生产中只注重当前利益，忽视了土壤的科学利用和管理，就会出现一系列问题，从而影响长期的生产效益。

一、深翻改土

深翻改土是核桃园改良土壤的重要技术措施之一。它不仅有利于改善土壤结构、增加透气性、提高保水保肥能力、减少病虫害发生，还有利于根系分布向深处发展，扩大树体营养吸收范围。具体方法是：每年或隔年采果前后；沿大量须根分布区的边缘向外扩宽 50cm 左右；深翻部位，以树冠垂直投影边缘内外，深 60~80cm，挖成围绕树干的半圆形或圆形的沟，然后将表层土混合基肥和绿肥或秸秆放在沟的底层，而心土放在上面，最后用大水浇灌。深翻时应尽量避免伤及直径 1cm 以上的粗根。

二、中耕除草

中耕和除草是核桃园土壤管理中经常采用的两项紧密结合的技术措施，中耕是除草的一种方式，除草也是一种较为简单的中耕。

（一）中耕

中耕的主要作用是改善土壤温度和通气状况，消灭杂草，减少养分、水分竞争，造就深、松、软、透气和保水保肥的土壤环境，以促进根系生长，提高核桃园的生产能力。在整个生长期中可中耕多次，在早春解冻后及时耕耙或全园浅刨，并结合镇压，以保持土壤水分，提高土温，促进根系活动。秋季可进行深中耕，使干旱地的核桃园多蓄雨水，涝洼地的核桃园可散墒，防止土壤湿度过大及通气不良。

（二）除草

在不需要中耕的土地，可除草。杂草不但与核桃树竞争养分和阳光，有的还是病害的中间寄主，又是害虫的栖息处，容易导致病虫害发生蔓延，因此，需要经常除草。除草宜选择晴天进行，近些年因劳力较紧，人力除草费用较高，许多专业户采用化学除草剂除草。如使用草甘膦等药物除草，效果良好。一般百草枯粉剂多用于浅根、无地下茎、阔叶杂草；草甘膦多用于深根，有地下茎 1 年生和多年生杂草，每亩用 41% 草甘膦水剂 300~360ml，对水 75~100L。若核桃园有上述两类杂草，可将百草枯粉剂与草甘膦交替或混合使用，除草效果更显著。施药时注意不能喷到树上，尽量离植株一定距离，喷头向下，最好在无风时进行。

三、生草栽培

以往果园土壤管理多采用全园清耕法，这种方法虽然能够及时清除杂草，使土壤疏松，通气良好，但长期清耕使土壤裸露，表土流失，养分溶脱，土壤团粒结构破坏，目前主张推广生草少耕栽培法。生草少耕法是指在果园行间人工种草或自然留草，树盘外全部生草的一种果园管理方法。这种方法既可有效地增加土壤覆盖度，避免园土被冲刷，又可改善土壤团粒结构，增加土壤有机质。同时在夏秋高温干旱季节可以稳定果园土壤温度、湿度，改善果园生态环境，促进果园有益生物如瓢虫、捕食螨、草蛉等繁衍。其主要方法如下。

（一）生草少耕

1 年中中耕除草 2~3 次，中耕时对树盘内浅耕，促进根系生长。行间保持自然生草，可以起到提高冬季和早春土温，减少水土流失，改善果园生态环境，防止高温落果的作用。自然生草的草种主要是选用生长量大、矮秆、浅性须根、与核桃无共同病虫害且有利于核桃害虫天敌及微生物繁殖的杂草，如苜蓿、白三叶草等，生草前应及时人工或用除草剂除去其他恶性杂草，如白茅、香附子、马根草等。

（二）覆盖抗旱

在冬春干旱，特别是夏季持续高温伏旱的时候，将行间生草及时刈割覆盖地表或任其自然枯萎，也可用除草剂加速枯萎，对树盘、行间全面覆盖（离根颈 15~30cm 内不能覆盖）。秋季压入土壤中，可以起到减少水分蒸发、降温、保温、防止水土流失的作用。

（三）适时深耕

连续 4~5 年生草后，结合草种更新全园深翻 1 次，以改良深层土壤结构，提高土壤透气性。

当然，生草栽培不是不加控制地让杂草无限度地生长，而是在人为控制情况下，抑制恶性杂草生长，培育良性草的优势种群，并且控制其高度在30~50cm，一般7月底雨季结束前要刈草1次，10月中下旬再刈草1次。

四、园地覆盖

果园覆盖技术就是用秸秆（小麦秸、油菜秆、玉米秆、稻草等农副产物和野草）或薄膜覆盖果园的方法。在果园中进行覆盖，能增加土壤中有机质含量，调节土壤温度（冬季升温、夏季降温），减少水分的蒸发与径流，提高肥料利用率，控制杂草生长，避免秸秆燃烧对环境造成的污染，提高果实品质。

（一）覆草

一年四季都可进行，但以夏末、秋初为最好。覆草厚度以15~20cm为宜，并在草上进行点状压土，以免被风吹散或引起火灾。

（二）覆盖地膜

一般选择在早春进行，最好是春季追肥、整地、灌水或降雨后，趁墒覆盖地膜。覆盖地膜时，四周要用土压实，最好使中间稍低以利于汇集雨水。在干旱地区覆盖地膜可显著提高幼树的成活率，所以以新植的幼树覆盖地膜尤为重要。

五、合理间作

核桃园间作，在国内外均有成功的实例，在生产上也日益受到重视。核桃较其他果树容易管理，与粮食作物没有共同的病虫害，一般年份，病虫害发生较轻，用药次数少，不会污染环境。肥水方面虽存在矛盾，但是只要加强肥水管理，科学调整粮食作物，便能获得树上树下双丰收。因此，核桃园间作，不仅可以充分利用光能、地力和空间，特别是可以提高幼龄核桃园的早期经济效益。例如，单一种植的早实核桃园，需4年时间才能达到收支平衡，间作栽培的核桃园则在建园当年就因间种作物的收益而达到收支平衡。目前，核桃园间作，已成为我国果农普遍采用的一种重要的栽培方式。

间作物的种类，国外主要在行间种植绿肥作物，如三叶草、苜蓿、毛叶苕子或豆科植物，目的在于抑制草荒、增加土壤有机质，同时也可以增加肥源。国内间作的植物种类较多，包括薯类、豆科等低秆类作物，禾谷类作物以及果树苗木。河南省郑州市在核桃园中套种中药材、小辣椒也取得了很好的收益。具体间作什么作物，要依据核桃园条件、肥力等因素不同，区别对待。

第一，在立地条件好、肥力高的地块，可以实行果粮间作。这时，核桃树的栽培株行距比较大，可以间作豆类、花生、棉花、薯类、瓜菜等。我国的河南、河北、山西、云南和西藏等地均有此种模式。

第二，对立地条件比较好的老核桃园或密植核桃园，园内树冠接近郁闭的，树冠下面和行间郁闭少光，不适宜间种作物。但可以培养食用菌来增加收入。

第三，利用荒山、滩地营建起来的核桃园，大多立地条件差、肥力较低，核桃树生长势不旺。这一类地块应该间作绿肥或豆类作物，以增加土壤有机质，改善土壤结构，提高肥力。

第二节　施肥技术

一、肥料选择

20 世纪 70 年代以来，随着化肥的开发与应用，化肥的用量大幅度增长，有机肥使用量不断减少，大有以化肥取代有机肥的趋势。化肥在核桃的生产中起到了举足轻重的作用，但化肥的大量使用也有很多不良之处，如造成土壤污染、地下水污染、土壤板结、病虫害严重发生和品质下降，甚至造成增产增收幅度小等现象。这也与目前发展绿色食品，以及农业走可持续发展道路相矛盾。因此在施肥时，应以有机肥料如腐熟的厩肥、堆肥和饼肥、绿肥等为主，配合施用适量化肥；以土壤施肥为主，配合根外施肥（叶面喷肥）的原则，选用符合生产无公害果品要求的肥料，进行科学施肥。

选择肥料时，不仅要考虑核桃的树龄、树势、品种、立地条件和树体生长状况，还要充分考虑养分平衡、肥料利用率及肥料搭配等。

二、核桃不同时期的施肥标准

核桃喜肥。据有关资料，每收获 453.6kg 核桃要从土壤中夺走纯氮 12.25kg。丰产园每年每 $100m^2$ 要从土壤中夺走氮 90.7kg。适当多施氮肥可以增加核桃出仁率。氮钾肥还可以改善核仁品质。但核桃在不同个体发育时期，其需肥特性有很大差异，在生产上确定施肥标准时，一般将其分为幼龄期、结果初期、盛果期和衰老期 4 个时期。

(1) 幼龄期。从长出幼苗开始至开花结果前，嫁接苗从嫁接开始至开花结果前均是核桃树的幼龄期。此期根据苗木情况不同，持续的时间也不同，早实核桃品种一般 2~3 年，如鲁光、丰辉、香玲、中林 1 号、中林 5 号、西扶 1 号等；晚实核桃品种一般 3~5 年，如晋龙 1 号、晋龙 2 号、西洛 2 号等；实生种植苗可在 2~10 年不等。此期，营养生长占据主导地位，树冠和根系快速地加长、加粗生长，为迅速转入开花结果期积蓄营养。栽培管理和施肥的主要任务是促进树体扩根、扩冠，加大枝叶量。此期应大量满足树体对氮肥的需求，同时注意磷钾肥的施用。

(2) 结果初期。此期是指开始结果至大量结果且产量相对稳定的一段时期。营养生长相对于生殖生长逐渐缓慢，树体继续扩根、扩冠，主根上的侧根、细根和毛根大量增生，分枝量、叶量增加，结果枝大量形成，角度逐渐开张，产量逐年增长。栽培管理和施肥的主要任务是，保证植株良好生长，增大枝叶量，形成大量的结果枝组，树体逐渐成形。此期对氮肥的需求量仍很大，但要适当增加磷钾肥的施用量。

（3）盛果期。此期核桃树处于大量结果时期。营养生长和生殖生长处于相对平衡的状态，树冠和根系已经扩大到最大限度，枝条、根系均开始更新，产量、效益均处于高峰阶段。此期，应加强施肥、灌水、植保和修剪等综合管理措施，调节树体营养平衡，防止出现大小年结果现象，并延长结果盛期时间。因此，树体需要大量营养，除氮、磷、钾肥外，增施有机肥是保证高产稳产的措施之一。

（4）衰老期。此期，产量开始下降，新梢生长量极小，骨干枝开始枯竭衰老，内部结果枝组大量衰弱直至死亡。此期的管理任务是通过修剪对树体进行更新复壮，同时加大氮肥供应量，促进营养生长，恢复树势。

实际操作时，核桃园施肥标准需综合考虑具体的土壤状况、个体发育时期及品种的生物学特点来确定。由于各核桃产区土壤类型繁杂，栽培品种不同需肥特性不尽相同，各地肥水管理水平差异较大，因此，施肥时可根据具体条件，参照表 5-1 灵活执行。

表 5-1　核桃树施肥时期及标准

时期	树龄（年）	每株树平均施肥量（有效成分）（g）			有机肥（kg）
		氮	磷	钾	
幼树期	1~3	50	20	20	5
	4~6	100	40	50	5
结果初期	7~10	200	100	100	10
	11~15	400	200	200	20

（续表）

时期	树龄（年）	每株树平均施肥量（有效成分）（g）			有机肥（kg）
		氮	磷	钾	
盛果期	16 ~20	600	400	400	30
	21 ~30	800	600	600	40
	>30	1 200	1 000	1 000	>50

三、施肥方法

核桃树在1年的生长过程中，可分为两个阶段：生长期和休眠期。生长期从春季芽萌动开始，经过展叶、开花、坐果、枝条生长、花芽分化及形成、果实发育、成熟、采收，直至落叶结束；休眠期从落叶后开始至翌年春季芽萌动前为止。在1年的生长发育中，开花、坐果、果实发育、花芽分化和形成期均是核桃树需要营养的关键时期，应根据核桃的不同物候期合理施肥。

（一）基肥

多以迟效性有机肥为主。其能够在比较长的时间内，为树木生长发育提供含有多种营养元素的养分，且能很好地改良土壤理化性状。基肥可以秋施也可以春施，但一般以秋施为好。秋季核桃果实采收前后，树体内的养分被大量消耗，并且根系处于生长高峰，花芽分化也处于高峰时期，急需补充大量的养分。同时，此时根系旺盛生长有利于吸收大量的养分，光合作用旺盛，树体贮存营养水平提高，有利于枝芽充实健壮，增加抗寒力。

秋施基肥宜早为好，过晚不能及时补充树体所需养分，影响花芽分化质量。一般核桃基肥在采收前后（9月）施入为最佳时间。施肥以有机肥为主，加入部分速效性氮肥或磷肥。施基肥可以环状施肥、放射状施肥或条状沟施肥等方法，但以开沟50cm

左右深施，或结合秋季深翻改土施入最好。施肥时一定要注意全园普施、深施，然后灌足水分。

（二）追肥

追肥是为了满足树体在生长期急需的养分，特别是生长期中的几个关键需肥时期，而施入以速效性肥料为主的肥料。它是基肥的必要性补充。

追肥的次数和时间与气候、土壤、树龄、树势诸多因素均有关系。高温多雨地区、沙质壤土、肥料容易流失，追肥宜少量多次；树龄幼小、树势较弱的树，也宜少量多次性追施。追肥应满足树体的养分需要，因此，施肥与树体的物候期也紧密相关。萌芽期，新梢生长点较多，花器官次之，先满足新梢生长需要；开花期，树体养分先满足花器官需要；坐果期，先满足果实养分需要，新梢生长点次之。全年中，开花坐果时期是需肥的关键时间，幼龄核桃树每年追肥2~3次，成年核桃树追肥3~4次为宜。

1. 第一次追肥

根据核桃品种及土壤状况不同来追肥，早实核桃一般在雌花开放以前，晚实核桃在展叶初期（4月上中旬）施入。此期，是决定核桃开花坐果、新梢生长量的关键时期，要及时追肥以促进开花坐果，增大枝叶生长量，肥料以速效性氮肥为主，如硝酸铵、磷酸氢铵、尿素，或是果树专用复合肥料。施肥方法以放射状施肥、环状施肥、穴状施肥均可，施肥深度应比施基肥浅，以20cm左右为佳。

2. 第二次追肥

早实核桃开花后，晚实核桃展叶末期（5月中下旬）施入。此期，新梢的旺盛生长和大量的坐果需消耗大量养分，及时追施氮肥可以减少落果，促进果实的发育和膨大，同时促进新梢生长和木质化形成。另外，核桃树在硬核期的前1~2周，也正是形成雌花芽分化的基础阶段，适时适量增施速效性肥料，能够提高氮素的营养水平，增加树体碳水化合物的积累，有利于花芽的分化。肥料以速效性氮肥为主，增施适量的磷肥（过磷酸钙、磷矿粉等）、钾肥（硫酸钾、氯化钾、草木灰等）。施肥方法与第一次追肥方法相同。

3. 第三次追肥

结果期核桃在6月下旬硬核后施入。此期，核桃树体主要进入生殖生长旺盛期，核仁开始发育，同时花芽进入迅速分化期，需要大量的氮、磷、钾肥。肥料施入以磷肥和钾肥为主，适量施氮肥。如果以有机肥作追肥，要比速效性肥料提前20～30天施入，以鸡粪、猪粪、牛粪等为主，施用后的效果会更好。追施方法同第一次追肥。

4. 第四次追肥

果实采收以后施入。采果后，由于果实的发育消耗了树体内大量的养分，花芽继续分化也需要大量的养分。应及时补充土壤养分，以供调节树势，增进花芽分化质量，增加树体养分积累，提高树木抵抗不良环境的能力，增强抗寒能力，顺利过冬。

(三) 叶面喷肥

又称根外追肥，是土壤施肥的一种辅助性措施，是将一定浓度的肥料溶液用喷雾工具直接喷洒到果树叶上，从而提高果实质量和数量的施肥方法。

叶面喷肥利用了果树上部，包括茎、叶、果皮等器官能直接吸收养分的特性，具有直接性和速效性等优点。一般根外施肥15min至2h便可以被吸收，特别是在遇到自然灾害或突发性缺素症时，或为了补充极易被土壤固定的元素，通过根外施肥可以及时挽回损失。因此，根外追肥成本低，操作简单，肥料利用率高，效果好，是一种经济有效的施肥方式。

根外追肥的肥料种类、浓度、喷肥时间主要依土壤状况、树体营养水平具体而定。常用的原则是：生长期前期浓度可适当低些，后期浓度可高些，在缺水少肥地区次数可多些。一般根外施肥宜在上午8—10时或下午4时以后进行，阴雨或大风天气不宜进行，如遇喷肥15min后下雨，可在天气转晴以后补施1遍最好。

喷肥一般可喷0.3%~0.5%尿素、过磷酸钙、磷酸钾、硫酸铜、硫酸亚铁、硼砂等肥料，以补充氮、磷、钾等大量元素和其他微量元素。花期喷硼肥可以提高坐果率。5—6月喷硫酸亚铁可以使树体叶片肥厚增加光合作用，7—8月喷硫酸钾可以有效地提高核仁品质。

第三节　灌水与排水

目前，在核桃生产中，水分管理也是综合管理中一项重要措施，正确把握灌水的时间、次数和用量，显得十分重要。

一、需水规律及灌水时期与灌水量的确定

（一）核桃的需水特性

核桃对空气的干燥度不敏感，但却对土壤的水分状况比较敏感，在长期晴朗却干燥的天气，充足的日照和较大的昼夜温差条件下，只要有良好的灌溉条件，能促进核桃大量开花结实，并提高果仁品质和产量。核桃幼龄期树生长季节前期干旱、后期多雨，枝条易徒长，造成越冬抽条；土壤水分过多，通气不良，根系的呼吸作用受阻，严重时使根系窒息，影响树体生长发育。土壤过旱或过湿均对核桃的生长和结实状况产生不良的影响。因此，根据核桃树的代谢活动规律，科学灌水和排水，才能保证树体的根、枝、叶、花、果的正常分化和生长，达到核桃优质高效生产的目的。

（二）灌水时期的确定

核桃属于生长期需水分较多的树种。水分供给是通过根系从土壤中吸收，然后被运送到树体的地上部各器官的细胞中，由于细胞膨压的存在才使各器官保持其各自的形态。

叶片的光合作用，必须有水的参加才能持续进行，叶片制造的有机养分，都要通过溶液形态才能运送到树体的各个部位。根系吸收的养分，只有通过水的作用，才能被根系吸收或转运到地上部各器官。

总的来说，核桃树的一切生理活动，如光合作用，蒸腾作用，养分的吸收和运转都离不开水。没有水，就没有树体的生命活动。

一般情况下，年降水量在600~800mm，且降水量分布均匀的地区，可以满足核桃生长发育的需要，不需要灌水。但在降水量不足或年分布不均的地区，就要通过灌水措施补充水分。我国南方核桃产区，年降水量在800~1 000mm，不需要灌水，但北方的年降水量却在500mm左右，并且经常出现春季、夏季雨水分配不均，缺水干旱的现象，应该通过灌水补充水分。

一年当中，树体的需水规律与器官的生长发育状况是密切相关的。关键时期缺水，就会产生各种生理障碍，影响核桃树体正常生长发育和结实，因此，要通过灌水来保证核桃生长发育的需要。但灌水的时间与次数，应根据当地的立地条件、气候变化、土壤水分和树体的物候期具体确定。以下是核桃生长发育过程中几个需水关键时期，如果缺水，需要通过灌溉及时补充水分。

（1）春季萌芽开花期。此期（3—4月）树体需水较多，经过冬季的干旱和蓄势，核桃又进入芽萌动阶段且开始抽枝、展叶，此时的树体生理活动变化急剧而且迅速，1个月时间要完成萌芽、抽技、展叶和开花等过程，需要大量的水分，才能满足树体的生长发育的需要。此期如果缺水，就会严重影响新根生长、萌芽的质量、抽枝快慢和开花的整齐度。因此，每年要灌透萌芽水。

(2) 开花后。此期（5—6月）雌花受精后，果实进入迅速生长期，占全年生长期的80%以上。同时，雌花芽的分化已经开始。均需要大量的水分和养分，是全年需水的关键时期。干旱时，要灌透花后水。

(3) 花芽分化期。此期（7—8月）核桃树体的生长发育比较缓慢，但是核仁的发育刚刚开始，并且急剧且迅速，同时花芽的分化也正处于高峰时期，均要求有足够的养分、水分供给树体。通常核桃此期正值北方的雨季，不需要进行灌水，如遇长期高温干旱的年份，需要灌足水分，以免此期缺水，给生产造成不必要的损失。

(4) 封冻水。10月末至11月落叶前，树体需要进行调整，应结合秋施基肥灌足封冻水。一方面可以使土壤保持良好的墒情，另一方面，此期灌水能加速秋施基肥快速分解，有利于树体吸收更多的养分并贮藏和积累，提高树体新枝的抗寒性，也为越冬后树体的生长发育贮备营养。

（三）灌水量的确定

最适宜的灌水量，应在1次灌溉中能使核桃根系分布范围内的土壤湿度达到最有利于生长发育的程度，若只浸润表层或上层根系分布不能达到灌水的要求，并且，由于多次补充灌溉，容易引起土壤板结。因此，必须一次灌透。一般需要灌透1m深为宜。对于灌水量的计算方法有多种，这里只介绍一种比较常用的方法。根据不同土壤的持水量，即根据灌溉前的土壤湿度、土壤容重、要求土壤浸湿的深度，计算一定面积的灌水量，公式如下：

灌水量=灌溉面积×土壤浸湿深度×土壤容重×（田间持水量-灌溉前土壤湿度）

假设要灌溉1hm^2（15亩）核桃园，使1m深度的土壤湿度达到田间持水量（23%），该土壤容重为 1.25，灌溉前根系分布层的土壤湿度为 15%。按上述公式计算灌水量=15×666.7×1×1.25×（0.23-0.15）= 1 000m^3。灌溉前的土壤湿度，在每次灌水前均需测定，田间持水量、土壤容重、土壤浸湿深度等项，可数年测定 1 次。

二、适宜灌水方式及相应的设施建设

（一）沟灌

又叫浸灌，其优点是灌溉水经沟底和沟壁渗入土中，对果园土壤浸润较均匀，且不会破坏土壤结构，所以是灌溉中常用的一种方法，缺点是需水量较大。

（二）喷灌

喷灌是利用机械将水喷射呈雾状进行灌溉。喷灌的优点是节约用水，能减少灌水对土壤结构的不良影响，工效高，喷布半径约 25m。喷灌还有调节气温、提高空气相对湿度等改善果园小气候的作用。据报道，在夏季喷灌能降低果园空气温度 2～9.5℃，降低地表温度 2～19℃，提高果园空气相对湿度 15%。喷灌也适用于地形复杂的山坡地。喷灌的设备，包括水源、动力机械和水泵构成固定的泵站，或利用有足够高度的水源与干管、支管组成。干管、支管埋入土中，喷头装在与支管连接的固定的竖管上。微型喷灌在美国很普及，是目前灌溉技术中较先进的方法。低头微型喷灌每株 1 个喷头，干旱时每天喷雾多次，使土壤水分保持比较合适的程度。据报道，微型喷雾能有效地减轻冻害，因而用微喷防冻，可收到明显的效果，一般能提高气温 0.5～1.5℃。若改低位微型喷灌为高位，对防霜冻有更好的效果。

（三）滴灌

又叫滴水灌溉，是将具有一定压力的水，通过一系列管道和特制的毛管滴头，使水一滴一滴地渗入核桃树根际的土壤中，使土壤保持最适于植株生长的湿润状态，又能维持土壤的良好通气状态。滴灌还可结合施肥，不断地供给根系养分。滴灌能节约用水，据试验，比喷灌节省用水 1/2 左右；滴灌不会产生地面水层和地面径流，不破坏土壤结构，土壤不会板结；也不至于过干或过湿。一个滴头的流量为 2.4L/h，每株 4 个滴头，连续 15h 可滴水 145L，滴灌可达 40～50cm 深、200cm 宽，土壤含水量可达田间持水量的 70%～80%。但滴灌需要管材多，投资较大；管道与滴头容易堵塞，要求有良好的过滤设备；滴灌对调节果园小气候的作用也不如喷灌。

（四）加强对园区雨水的集蓄利用

在干旱少雨的北方，雨量分布不均匀，大多集中在 6—8 月，有限的水也会造成大量的流失，所以加强对园区雨水的集蓄利用显得十分重要。

水窖是干旱、半干旱地区推行的一种用于集纳雨水，保存和利用雨水的封闭式蓄水设施。修建水窖要注意几点：一是要有一定的径流面积，保证暴雨过后有足够的径流灌满水窖；二是要求水深不小于 5m；三是要进行严格的防渗处理。建造水窖规格及技术要点如下。

1. 水窖规格

（1）水窖主体。包括窖口、瓶颈段、蓄水段 3 部分。水窖体为坛形，口小肚大，此形体既能多蓄水又能防冻、防蒸发，便于保护。

A. 窖口。窖口直径 0.8m。

B. 瓶颈段。窖口到蓄水段的不蓄水段为较细的瓶颈段，深 1.5m 左右。

C. 蓄水段。水窖蓄水部分即水窖的主体部分，深 4.5m，直径由顶部逐渐加大，最大直径为 4m。然后逐步缩小，窖底直径为 3m。从窖口至窖底总深度为 6m。

（2）水窖附属设施。包括窖口台、窖盖、进水管、沉淀池、集水沟等。

A. 窖口台。用以保护窖口，并防止水的蒸发，保护人畜安全。

B. 窖盖。用水泥钢筋制成，直径为 0.9m。

C. 进水管。用于将沉淀池中的水引入水窖，进水管可以是塑料管，也可是水泥管。

D. 沉淀池。一般宽 1m，长 1.5m，深 1m。沉淀池距窖口 2~3m。

E. 集水沟。用以将水面径流引进沉淀池。

2. 施工技术要点

一是水窖开挖至少需要 2 人，施工时要注意安全，如遇沙砾层和软土层应停挖，另选窖址；二是施工最好在春秋季，如雨季施工时应将窖口用土围好，防止地面水流入水窖；三是窖挖好后将壁整光，并挖出 3 个扣带，起支撑加固作用，每个扣带宽、深各 0.1m；四是窖壁、窖底抹水泥 3 层，砂浆中水泥和沙的配比为第一层 1∶3，第二层和第三层 1∶2，砂浆抹层总厚为 3~4cm，第三层随压光净面，最后刷一层浆。

三、保墒方法

（一）薄膜覆盖

一般在春季 3—4 月进行，覆盖时可顺行覆盖或只在树盘下覆盖。覆膜能减少水分蒸发，提高根际土壤含水量；盆状覆膜具有良好的蓄水作用；覆膜提高土壤温度，有利于早春根系生理活性的提高，促进微生物活动，加速有机质分解，增加土壤肥力；覆膜还能明显提高幼树栽植成活率，促进新梢生长，有利于树冠迅速扩大。

（二）果园覆草

一年四季均可，以夏季（5 月）为好，提倡树盘覆草，覆草时注意新鲜的覆盖物最好经过雨季初步腐烂后再用，覆草后不少害虫栖息在草中，应注意向草上喷药，起到集中诱杀效果，秋季应清理树下落叶和病枝，防治早期落叶病、潜叶蛾、炭疽病等发生。另外不少平原地区总结改进了果园覆草技术，即夏覆草、秋翻埋的树盘覆草，每年 5 月进行，用草量 1 500kg 左右，厚度保持 5cm 左右，盖至秋施基肥时翻入地下。

（三）使用保水剂

保水剂是一种高分子树脂化工产品，外观像盐粒，无毒、无味、白色或微黄色，是呈中性的小颗粒，它遇到水能在极短的时间内吸足水分，其颗粒吸水膨胀 350~800 倍，吸水后形成胶体，即使施加压力也不会把水挤出。把它掺到土壤中，就像一个贮水的调节器，降水时它贮存雨水，并把水分牢固地保持在土壤中，干旱时释放出水分，持续不断地供给果树根系吸收，同时，因释放出水分，本身不断收缩，逐渐腾出了它所占据的空间，又有利于增加土壤中的空气含量。这样就能避免由于灌溉或雨水过多而造成的土壤通气不良。它不仅能吸收雨水和灌水，还能从大气中吸收水分。它能在土壤中反复吸水，连续使用 3~5 年。

四、防渍排水

栽植在平原地带、低洼地区和河流下游地区的核桃树，地表往往会有积水或地下水位太高，将严重影响核桃树的正常生长发育，应及时排除，以免对树体造成不利的影响或降低产量。

我国排水和降低地下水位主要有以下方法。

（一）修筑台田

核桃园建在低洼易积水的地段，应在建园前修筑台田。台田的标准是：台面宽 8~10m，要比地面高 1~1.5m。中间留宽 1.5~2m，深 1.2~1.5m 的排水沟。

（二）排除地表积水

在低洼且易积水的核桃园中挖若干条排水沟，并在核桃园周围挖排水沟，不但有利于园内积水外排，而且可以防止园外水流入园内。

（三）降低水位

在地下水位比较高的核桃园内，挖掘排水沟降低水位。沟的标准可根据核桃树的根系生长情况，挖深 2m 左右的排水沟，可使地下水位有效降低。

（四）机械排水

对于积水量不多、面积不大的核桃园，可以用水泵排水。

第六章　花果管理技术

第一节　人工授粉

一、人工授粉的必要性

（1）核桃属异花授粉果树，风媒传粉，存在雌雄异熟现象，某些品种同一株树上，雌雄花期可相距20多天。花期不遇常造成授粉不良，严重影响坐果率和产量。

（2）幼树在开始结果的最初几年，一般只有雌花，2~3年后才出现雄花。为促进核桃雌花的授粉受精和坐果，对附近没有成龄核桃树的幼龄核桃园，应进行人工授粉。

（3）受不良气象因素，如低温、降雨、太风、霜冻等的影响，雄花的散粉也会受到阻碍。

（4）即便能进行自然授粉，通过人工授粉也能大大提高坐果率。人工授粉一般可比自然授粉提高坐果率15%~30%。

二、花粉采集

从当地或其他地方健壮的成年树上采集将要散粉的雄花序，摊放在室内20~25℃的干燥环境下，待花粉散出后，筛出花粉装瓶，放在2~5℃条件下保存备用。

三、授粉

最佳时期是雌花柱头呈倒八字形张开时。如果柱头反转或柱头干缩变色，授粉效果会显著降低。

四、授粉方法

人工授粉时，可将花粉用5~10倍的滑石粉或淀粉稀释后，用小型喷粉器进行喷授，或将稀释后的花粉装入纱布袋内进行抖授，也可配成1∶5 000的花粉悬浮液进行喷授，还可在树冠不同部位挂雄花序或雄花枝，依靠风力自然授粉。

第二节　疏雄疏果

一、疏雄

（一）疏雄的好处

核桃雌、雄花芽比约为1∶5，雌、雄花朵比例高达1∶500。疏雄可以减少树体水分和养分的消耗，将节约的水分和养分用于雌花和剩余雄花序的发育，改善雌花和果实的营养条件，可提高坐果率和产量。

据测定，单个雄花芽萌芽前干重为0.036g，到雄花序成熟时干重增加到0.66g，净增重0.624g。雄花序中含氮4.3%、五氧化二磷1.0%、氧化钾3.2%、蛋白质和氨基酸11.1%、粗脂肪4.3%、全糖31.4%、灰分11.3%。据推算，一株成龄核桃树若疏除90%~95%的雄花芽，可节约水分50kg、干物质1.1~1.2kg。疏除多余的雄花序，能够显著地节约树体的养分和水分。

成年核桃大树平均单株雄花序2 000~ 3 500个。大量雄花序从萌芽到成熟散粉，需要消耗大量的水分和养分，影响枝叶生长和雌花芽发育，影响坐果与产量。疏除多余的雄花序能够增加产量，且有利于植株的生长发育。人工疏雄可平均增产10%~48%。

（二）疏雄的时期

最佳时期是雄花芽开始膨大期，此时雄花芽比较容易疏除且养分和水分消耗较少。

（三）疏雄的方法

用手掰除或用木钩钩除雄花序。河北农业技术师范学院用化学方法疏除核桃雄花序取得了一定效果。

（四）疏雄量

以疏除全树雄花序的 90%～95% 为宜，使雌雄花之比达 1：(30～60)，完全可以满足授粉需要。

二、疏果

（一）疏果的必要性

早实核桃以侧花芽结实为主，雌花量较大，结果过多，使核桃果个变小、品质变差，严重时会导致枝条大量干枯死亡。为保证树体营养生长和生殖生长的相对平衡，提高坚果质量，保持高产、稳产，延长结果寿命，需疏除过多幼果。

应注意，疏果仅限于坐果率高的早实核桃品种，尤其是树弱而挂果多的树。

（二）疏果的时间

在生理落果期以后，一般在雌花受精后的 20～30 天，当幼果发育到直径 1～1.5cm 时进行为宜。

（三）幼果疏除量

一般以每平方米树冠投影面积保留 60～100 个果实为宜。疏果时先疏除弱树或细弱枝上的幼果，也可连同弱枝一起剪掉。注意留果部位在冠内要分布均匀，郁闭内膛可多疏。

第三节 保花保果

一、落花落果的原因

（一）受精不良

北方地区春季气温变化剧烈，一旦寒流侵入，温度急剧下降至0℃以下，伴有大风或阴雨，花器受冻失去授粉受精能力。在不良的气候条件下缺少传粉媒介，也会因授粉受精不良而落花落果。

据河北农业大学试验，主栽品种与授粉树的距离应在300m以内，超过300m时授粉受精不良或不能授粉。

幼龄核桃树仅开雌花，若不进行人工辅助授粉，也会大量落花落果。

（二）树体储备营养水平低

如核桃园土壤贫瘠、管理粗放、肥水不足、病虫害较重等情况，导致树体营养积累不足时会造成大量生理落果。

（三）生长激素水平低

花、幼果生长激素水平低导致落花落果。

（四）灾害性天气

大风、暴雨、冰雹等灾害性天气，会造成大量落果。

二、落花落果时间

每年可出现3次。

（1）第一次在开花后，未见子房膨大，花即脱落，是未受精的花，这次落花对生产的影响不大。

（2）第二次出现在花后2周，子房已经膨大，是受精后初步膨大的幼果，这次落果已有一定的损失。

（3）第三次出现在第二次落果后2~4周，大体在6月间，又叫“六月落果”，此时落果损失较大。

三、防治落花落果的措施

（一）改善树体营养

加强树体地上部和地下部的管理，为核桃的生长结果创造有利条件。

（二）创造良好的授粉条件

（1）人工辅助授粉。

（2）合理配置授粉树。

（三）雌花开花期喷激素、喷肥、喷微量元素

（1）雌花开花期喷赤霉素、硼酸、稀土、尿素等可提高核桃的坐果率。

（2）雌花开花期喷0.5%尿素、0.3%的磷酸二氢钾能改善树体的营养状况，提高坐果率。

第四节　果实采收及处理

一、采收期

核桃的果是由核果和青皮两部分组成，一般认为青果变黄并开裂后采收为宜。

核桃从坐果到果实成熟需130~140天，不同地区、不同品种的成熟期不同。北方地区的核桃多在9月上中旬成熟，南方地区稍早些。早熟品种8月上旬即可成熟，早熟和晚熟品种的成熟期可相差10~25天。

核桃成熟的标志是青皮由深绿色、绿色逐渐变为黄绿色或浅黄色，容易剥离，80%的果实青皮顶端出现裂缝，且有部分青皮开裂。

从坚果内部看，当内隔膜刚刚变为棕色时为核仁成熟期，此时采摘种仁的质量最好。

二、采收方法

多采用人工采收。在核桃成熟时，用长杆击落果实。采收时应由上而下、由内而外顺枝进行，以免损伤核桃枝芽，影响翌年的产量。

果实从树上采下后，应尽快放置在阴凉通风处，不应在阳光下暴晒，否则会因种仁温度过高影响坚果的品质。

研究表明，当坚果种仁温度超过40℃时，就会导致种仁颜色变深，降低坚果的质量。采下的果实应尽快脱去青皮，去掉青皮后的果实，也应在阴凉通风处晾干。

第五节　高接换优

对于立地条件较好、树龄小于20年、树势较强、无病虫为害的低产实生核桃园，高接后可以获得很好的效果。一般高接后第二年，产量就会达到高接前的水平，第三年超过未高接树。高接后3~5年，整个树冠可恢复到原来大小。

高接一般多在春季砧树萌芽至展叶期间进行，用一年生未萌芽的发育枝作接穗，应用最普遍、效果最好的嫁接方法是插皮舌接法。

嫁接时根据要改接树树龄和树体结构情况分为多头高接和主干高接，依嫁接过程中接穗的保湿方式可分为接包保湿和蜡封接穗保湿两种。蜡封接穗嫁接时操作简便，省工省料，工效高，接后管理环节少，效果好。

高接前对伤流严重的树应在树干基部锯口放水。高接注意事项与苗木嫁接相同。需要特别注意的是，高接后要及时除萌。当接穗新梢长到 30cm 左右时，应在接口近处绑设支柱引绑新梢，以防风折。

第七章　核桃整形修剪技术

整形修剪是核桃栽培管理的重要内容，也是技术含量最高的一个环节，对于大多数的栽培者来说，整形修剪是一门很难掌握的技术。实践证明，只有多学习修剪的理论知识、多观察修剪反应、多亲自操作，反复多年才能掌握整形修剪这门技术。

第一节　修剪的意义

核桃树通过合理的整形修剪，培养出丰产树形，调整好生长与结果的关系，才能达到早结果、多结果，连年丰产的目的。

核桃树整形修剪时需要根据核桃树生长发育的内在规律和外界条件，综合运用各种修剪技术，如短截、回缩、缓放、疏枝等，使核桃的树冠形成科学的结构和形状（个体结构），同时还要使核桃园整体上形成合理的结构（群体结构）。

核桃喜光，修剪不合理时，极易使主枝基部枝条枯死，导致内膛空虚，外围结果，产量降低，因而在修剪中要注意培养丰满的树形。无论何种树形，成枝力弱的树种，可适当短截，以促生分枝；成枝力强的树种，一般少短截，可采用分段抹芽的方法，选留主枝和枝组，力争做到主从分明，骨架牢靠，枝条丰满而不密挤，以形成充足的结果单位，从而提高产量。

一、修剪的目的

核桃修剪的目的一是按照目标树形培养合理的树体结构，培养或更新结果枝组；二是要平衡树势，调节光照，调整好生长与结果的矛盾。

栽培核桃的最终目标是结果，而实现这个目标与修剪有很大的关系，许多重栽不重管的园子栽后多年不结果，要加强对这些树的修剪，培养合理的树体结构，还有一部分是已经挂果的树因管理不善而产量很低，不能达到预期的产量和经济效益。这些树只有通过修剪才能实现早果丰产的目的。

修剪的具体目标是培养树形，调整结构，更新枝组，调节营养生长与开花结果的矛盾，每次修剪时都要明确这个目标，要坚持每年都修剪，更要坚持四季修剪，才能达到修剪的目的，不修剪或只进行冬季修剪不搞夏季修剪，是很难实现修剪目的的。

二、核桃修剪的原则

核桃整形修剪的研究不如苹果、梨等果树研究深入，总体来说核桃的修剪还是比较粗放的，核桃的一些修剪原则和方法都是借鉴苹果而来的，今后要针对核桃的生长特性研究选择适合核桃的树形和修剪方法。

（一）核桃修剪的辩证思维

核桃整形修剪时要掌握好 4 项原则，辩证思考，具体实施如下所述。

（1）因树修剪，随枝做形。核桃由于品种、砧木、树龄、树势及立地条件的差异，即使在同一园片内，单株间生长状况也不相同，因此在整形修剪时，既要有树形的要求，又要根据单株的生长状况，灵活掌握，随枝就势，因势利导，诱导成形，以免造成修剪过重，延迟结果。

（2）统筹兼顾，长远规划。核桃树在整形修剪时要兼顾树体的生长与结果，既要有长计划，又要有短安排。幼树期既要整好形，又要有利于早结果，生长结果两不误。片面强调整形，不利于提高早期效益；只顾眼前利益，片面强调早丰产，会造成结构不良，不利于后期产量的提高。对于盛果期树，也要兼顾生长与结果，做到结果适量，避免隔年结果，防止树体早衰形成小老树。

(3) 以轻为主，轻重结合。核桃树修剪时要尽可能减少修剪量，减轻修剪对核桃树整体的抑制作用，尤其是幼树，适当轻剪，有利于扩大树冠，增加枝量，缓和树势，达到早结果、早丰产的目的。但是修剪量过轻，也会减少分枝和长枝比例，不利于整形，骨干枝不牢固。

(4) 平衡树势，从属分明。核桃树要保持各级骨干枝的优势及同一级枝条间的生长势均衡，做到树势均衡，中心干比主枝强，主枝比枝组强，主枝之间长势相对一致，从属分明，才能建成稳定的结构，为丰产、优质打下基础。

（二）缓势修剪的思想

核桃缓势修剪的核心是“轻剪长放多留枝”，因为短截后会刺激剪口下的枝条旺盛生长，因此要尽量少短截，减少修剪量。主要通过疏枝去除过密枝条，调节树体生长势，使树势整体缓和，在疏枝时要去直留平，去旺留壮。

在生产实践中，应根据品种特点、栽培密度及管理水平等确定合理的树形，但在具体整形修剪时，要遵循“因树修剪，随枝造型，有形不死，无形不乱”的原则，切不可过分强调树形，对核桃树大杀大砍，将大树剪成小树。要注意同一个园子要整成一个统一的树形，不能杂乱无章。

早、晚实核桃生长特性不同，应区别对待。晚实类型的品种以顶花芽结果为主，幼树枝量少，坐果率低，进入盛果期较晚，早实品种一年生枝条上的顶芽、侧芽均能形成花芽。因此晚实品种的结果枝组要少短截，以免剪掉花芽，多通过疏枝来修剪，早实品种可通过疏枝和短截相结合进行，适当疏掉部分花芽。

（三）整形修剪新思路

把一棵核桃树剪好不容易，把一片核桃园剪好更是难上加难，原因就是现在对核桃修剪的研究还较少，许多修剪方法和修剪反应还需要观察研究，特别是受“因树修剪”思想的影响，一个园子里的树形太多、太乱，修剪者几乎无从下手。所以我们希望新建核桃园从小培养树形时只用一种树形，所有的树都是一个形状，整齐划一，这样后续的修剪管理才容易进行。而且这个树形一定是经过实践证明是一个好的树形才行，生产中许多地方树形也一致，但都是放任生长的树形，是不丰产的树形，这些树是要改造的对象。

三、修剪的顺序

一个核桃园在修剪之前，应先确定修剪方案，明确修剪的目的，特别是目标树形要唯一，多年坚持严格执行一套技术方案。面积较大的核桃园在修剪前要集中培训，让每个参与修剪的人都把修剪思路、树形目标等统一了，这样园子里的树形才能一致。修剪组织者还要做示范修剪，必要的时候要对修剪者进行考核，只有考核合格，能充分理解修剪意图、掌握修剪手法的人才能参加修剪。修剪一段时间后要集中点评、交流、学习，这样才能统一修剪手法，不断提高修剪水平。

正式修剪时首先观察树体结构，看有无需要去掉的大枝，包括影响结构的大枝、受病虫害危害严重的枝条等。第二步是拉枝，先把枝条拉开角度看一下再决定相关的一些枝条的去留，原先密挤的枝条可能在拉枝后还不够用。最后再动手修剪，枝组修剪要精细进行。修剪时讲究“枝枝过眼”，不一定所有的枝条都要动手修剪，但一定要把所有的枝条都看一下，决定是否应该修剪，该如何修剪，要给出修剪的理由，思考修剪后第二年可能会长成什么样子。修剪完成后要再次整体观察一下，看是否有遗漏的地方或修剪不到位的枝条，做一些补充修剪。

修剪后可以由经验丰富的技术员对剪过的树进行检查，修正一些修剪错误的地方。

四、早实核桃修剪特点

早实核桃和晚实核桃的生长特性有很大的差别，因此这两类核桃的修剪特点也不同，在修剪时要特别注意通过观察确认所剪的树是哪一类型，不可混淆。

早实核桃幼树修剪宜轻不宜重，延长枝适当短截，疏旺枝留壮枝，结果枝组不短截，应尽量多保留枝叶量，多应用摘心、别枝、拉枝等夏季修剪方法，主要是对结实率低、生长弱的内膛枝条进行疏除修剪；利用和培养徒长枝，当结果枝干枯或衰弱时，可重短截，促其基部隐芽萌发徒长枝，经长放或轻剪后，培养新结果枝；对树冠外围生长的二次枝进行短截，促其萌发分枝开花结实，对内膛萌发的二次枝疏除为主，改善通风透光条件；早实类核桃大量结果后，主、侧枝角度变大，呈衰退趋势，应用回缩修剪技术促进萌枝，抬高分枝角度，逐步更新复壮主、侧枝。

早实核桃进入结果盛期以后，树冠扩大明显减弱，特别是二次枝的抽生数量不仅减少而且长势减弱，有的不再抽生二次枝，结果枝的枯死更替现象明显，徒长枝也常有发生，因此修剪时要注意以下几点。

（一）疏枝

早实核桃的侧生枝结果枝率较高，为了使养分集中，应疏除弱结果母枝，这类枝坐果率较低，保留壮的结果母枝。

（二）回缩

当结果枝组明显衰弱或出现枯死时，可通过回缩使其萌发徒长枝，再短截，发出3~4个结果枝，培养成结果枝组。

(三) 二次枝处理

方法与幼龄阶段基本相同，重点是防止结果部位迅速外移，对树冠外围生长旺盛的二次枝进行短截或疏除。

(四) 清理无用枝

主要是疏除树膛内过密、重叠、交叉、细弱、病虫和干枯枝。

五、晚实核桃修剪特点

晚实核桃的生长发育特点是2~3年生才开始增加分枝，3~5年开始结果，因此晚实核桃幼树修剪除培养树形外，还应通过修剪达到促进分枝，提早结果的目的。晚实核桃在未开花结果以前，抽生的枝条均为发育枝，将发育枝进行短截是增加枝量的有效方法，短截的对象主要是一级和二级枝轴上抽生的生长旺盛的发育枝。一株树上短截枝的数量不要过多，平均为总枝量的1/3，而且在树冠内分布要均匀。短截的方法有中度短截和轻度短截。枝条较长时（1m以上），进行中度短截（截去枝条长度的1/2），枝条稍短（0.7~0.9m）时，进行轻度短截（截去枝条长度1/4~1/3），重短截较少采用。另外晚实核桃的背下枝长势很强，为了保证主、侧枝原枝头的正常生长和促进其他枝条的发育，在背下枝抽生的初期，即可从基部剪除。

晚实核桃由于树冠外围枝量不断增多，树冠内膛通风透光逐渐恶化，进入盛果期后应注意疏除树冠内膛的密挤细弱枝，必要时还得疏除一些过密的或生长部位不当的大枝。具体的修剪方案如下所述。

(一) 调整骨干枝和外围枝

晚实核桃随树龄增长，树冠不断扩大，结实量增大且分枝逐年增多，大型骨干枝常出现下垂现象，外围枝伸展过长，下垂得更为严重。对于延伸过长、长势较弱的骨干枝，可在有斜向上生长侧枝的前部进行回缩。对树冠外围过长的枝条，可视情况进行回缩或疏除。

（二）结果枝组的培养与更新修剪

进入结果盛期后，除继续对结果枝组进行培养与利用外，还应进行复壮更新，保证其正常生长和结实，防止结果部位外移。其方法是：对二、三年生的小枝组，采取去弱留壮的办法，不断扩大营养面积，增加结果枝数量。当生长到一定大小、占满空间时，则应疏掉强枝、弱枝，保留中庸枝，促使形成较多的结果母枝。正常健壮的小枝组，可不进行修剪。如果小枝组已无结果能力，可一次疏除。对长势已弱的中型枝组，应利用回缩的方法加以复壮，促使枝组内的分枝交替结果。有些枝条长势过旺，也可通过去强留壮，加以控制。对于大型枝组，要注意控制其高度和长度，以防“树上长树”。

（三）辅养枝的利用和修剪

凡着生在中心干上，能够补充空间，辅助主、侧枝生长的枝条，称为辅养枝。对辅养枝的修剪应掌握以下几点：辅养枝的去留应以有利于主、侧枝的生长为原则；辅养枝应小且短于邻近的主、侧枝，不留延长枝；辅养枝长势过强时，应去强留壮，或者回缩到下部较弱分枝处；留作结果的辅养枝，应占有一定的空间，可短截枝头，改造成大、中型结果枝组，如果空间较大，还可适当延伸，但不能影响主枝和各级侧枝的生长。

（四）背下枝的处理

晚实核桃的枝条，普遍存在背下枝强旺和“夺头”现象。对背下枝要及时处理或剪除，如果背下枝长势中庸，并已形成混合芽，可保留结果；如果生长健壮，结果后可在适当部位回缩，培养成小型结果枝组。背下枝的生长势已经超过原头，原头衰弱时可用背下枝换头，将原带头枝疏除或改造成结果枝组。

（五）徒长枝的利用

进入结果盛期的晚实核桃树很少发生徒长枝，只有当各级骨干枝受到刺激，才能由潜伏芽萌发出徒长枝，常造成树膛内部枝条紊乱。处理方法可视树冠内部枝条的分布情况而定，如果内膛枝条比较密集，影响枝组正常生长时，可将徒长枝从基部剪除；如果徒长枝附近空间较大，或其附近结果枝组已明显衰弱，则可利用徒长枝培养成结果枝组。

六、核桃“伤流”的问题

因为核桃休眠期有“伤流”现象存在，对于核桃在什么时期进行冬季修剪，有截然不同的两个观点，一种认为核桃的修剪应该避开伤流期，认为“伤流”会使养分和水分大量损失，影响树体正常生长结果，修剪应避开伤流期（11 月中旬至翌年 3 月下旬），修剪需在果实采收后至树叶变黄前进行，幼树在春季萌芽展叶后进行。另一种认为在秋季和春季修剪虽然避开了伤流期，但剪掉的枝叶对树体营养的浪费更为严重，应该在冬季伤流较轻的时候进行修剪，这个时期是在 12 月中旬至翌年 3 月中旬。河北农业大学试验证明，核桃可在休眠期修剪，在生长季修剪损失营养太多，比在休眠期修剪对树势的削弱作用更大。

（一）“伤流”发生规律

核桃树在休眠期有伤流现象，枝条的木质部或者韧皮部受到损伤后，在被伤害处会接连不断地流出树液。根据研究，核桃伤流液的发生在一年中有两个高峰期：一是落叶入冬后，随着气温的降低，伤流量增大，到“大寒”达到最冷时，剪断枝条后伤流量不大，只在白天中午前后高温时出现伤流，但是到天气转暖后还会出现大量伤流，萌芽前基本没有伤流；二是萌芽后随着新梢的生长，伤流又开始增加，开花后逐渐降低。

（二）避开休眠期修剪的观点

核桃树的伤流一般从落叶后开始到来年春季芽萌动后停止，伤流中含有大量的矿质营养和有机营养，较多的伤流会浪费树体营养，削弱树势，核桃树休眠期修剪易发生伤流而削弱树势，甚至造成局部枝条枯死。因此修剪要选择无伤流的适当时期，一般在秋季果实采收后只修剪大枝，调整树体骨架，冬季基本结束后的春季萌芽前修剪小枝，调节树体负载量。

（三）休眠期修剪的观点

过去都是讲核桃冬季有伤流发生，所以落叶后不能修剪，要抓紧在果实采收后落叶前修剪，或第二年展叶后修剪，可避免伤流的发生。经过许多单位所做的修剪时期的试验研究，充分证明冬季修剪效果更好，尽管会发生伤流，冬剪后不论发枝、营养生长和产量都比过去的做法好，采收后修剪稍次，春剪更次。所以我们应大胆实行冬季修剪，为了减少伤流时间，把修剪时间安排到萌芽前而不要太早。

许多果区的做法是采收时修剪，此时表面上看没有伤流的发生，但此时离核桃落叶还有近 2 个月的时间，此时修剪使枝叶量减少，同时减少树体的光合积累，营养损失更严重。

（四）冬季修剪时期的建议

经过多年的修剪实践，笔者认为小树修剪应避开伤流期，而大树可以在伤流期修剪。成年大树的冬季修剪在 12 月中旬至翌年 3 月中旬进行，修剪时产生的伤流对树体的影响并不大。幼树由于根系小，吸水能力差，冬季修剪产生伤流会削弱树势，应尽量减少小树的冬季修剪量，而主要通过夏季修剪来整形、扩大树冠，使其尽快结果。对于刚栽植的幼树，根系损伤较大，水分吸收能力大减，此时定干剪枝绝不会产生伤流，不论是春栽还是秋栽都一样，定干后马上用愈合剂、油漆等封闭剪口，减少水分散失，确保苗木成活。综合各种因素，可以确定如下修剪时期。

第一个时期是核桃叶变色后至落叶前，一般 10~15 天，此时主要是疏除一些大枝。

第二个时期是冬季数九寒天时，此期由于昼夜温差小，伤流量较轻，此期一般30~40天，大多数核桃园可在此期修剪，但此时天气很冷，实际进行修剪的人较少。

第三个时期是核桃萌动前的一个月，一般在2月至3月上旬，选择温差比较小且天气持续较稳定的时间段内修剪，伤流也较轻，这时温度回升，天气较暖和，是最适宜的修剪时期，此期要避开冷暖空气交流频繁的时间段内修剪，否则伤流会很重。

我们在冬季进行了很多核桃树的修剪，到夏季时生长都很好，还没有出现因伤流而死树的现象，所以不用担心冬季修剪“伤流”的问题。生产中确实有因在冬季修剪后核桃树死亡的现象，要分析死树的具体原因，不能因为由于其他原因（主要是冬春的抽条）死树而不敢在冬季修剪。

第二节　修剪方法和修剪反应

任何一种修剪技术都是由最简单的多种修剪操作构成的，在修剪之前要做到心中有数，要十分清楚每种修剪方法的修剪对象、操作方法和可能的修剪反应，知道自己要把树剪成什么样子，推断明年能长成什么样子。综合灵活运用各种修剪方法去实现修剪目的，只有这样才能剪好核桃。常用的修剪方法有短截、疏枝、回缩、拉枝等，在不同的生长时期又有一些不同的修剪方法，每种修剪方法的修剪反应都不相同，同时修剪反应还受品种、树势、枝条粗度、方位等诸多因素的影响，在修剪时要全面考虑。

一、休眠期修剪方法

核桃休眠期修剪常用的修剪方法有缓放、短截、疏枝、回缩、拉枝等。

（一）缓放

缓放就是对枝条不剪，也称甩放或长放，是利用枝条生长势逐年减弱的特性，放任不剪，避免修剪刺激旺长的一种方法（图7-1），其作用是缓和枝条生长势，增加中短枝数量，促进幼、旺树早结果。一般情况下核桃枝条缓放后，第二年易萌发长势相近的数个小枝，这些小枝容易形成结果母枝，缓放有助于核桃缓和树势，形成花芽。

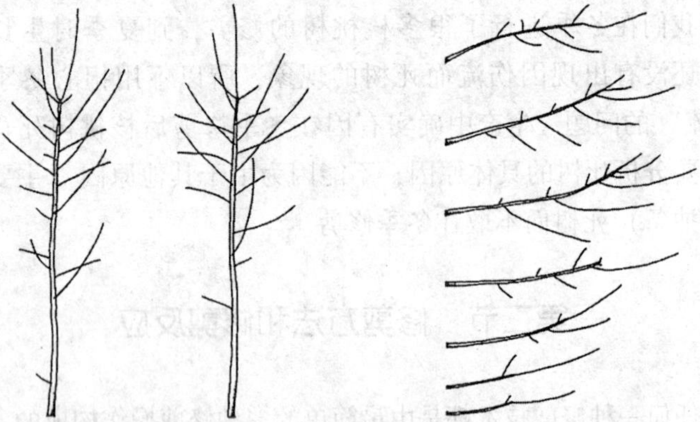

（a）直立旺枝　　（b）水平枝

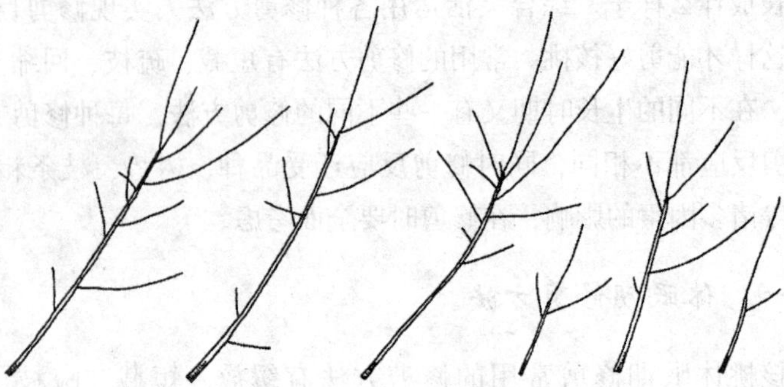

（c）斜生枝

图 7-1　缓放及其修剪反应

缓放时因保留下的枝叶多，因此母枝增粗显著，特别是背上旺枝生长极性显著，容易越放越旺，出现树上长树现象，所以缓放的对象一般是生长平斜的中庸枝条。旺枝特别是背上旺枝不能甩放，若甩放必须配合拉枝、拧枝等改变枝条生长方向，并加以刻伤、环剥等措施，才能削弱枝势，促进花芽形成。要特别注意晚实核桃细弱枝缓放后多只有顶芽萌发，侧芽萌发较少。

（二）短截

短截是指剪掉一年生枝条的一部分。通过短截的局部刺激作用，可以促进侧芽萌发和生长，短截后的枝条会抽生若干分枝，促进骨干枝的健壮生长，使枝条合理地向上向外生长，以扩大树冠，增加结果部位。依据剪去的程度分为以下 4 种。

1. 轻短截

只剪掉枝条上部 1/4 左右枝段。剪口芽为枝条上部的饱满芽，一般多用于培养骨干枝而短截延长枝。轻短截后萌芽率提高，形成较多的长枝、中枝，成枝力提高，且单枝生长势强，轻短截有利于扩大树冠和枝条生长，增加尖削度（图 7-2）。

2. 中短截

在枝条中上部剪截，剪去枝长的 1/3～1/2，剪后形成较多的中短枝，单枝生长势较弱，可缓和树势，但枝条萌芽率高（图 7-3）。

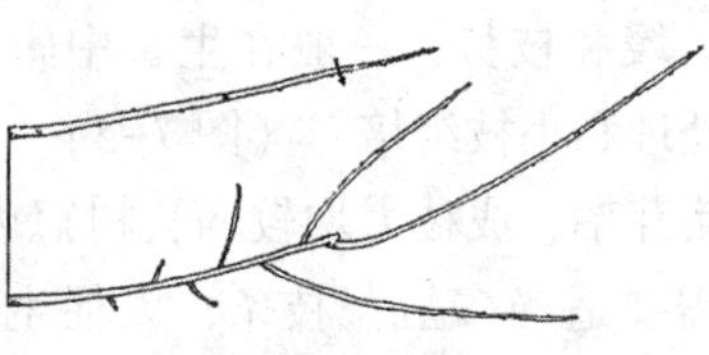

图 7-2　轻短截及其修剪反应

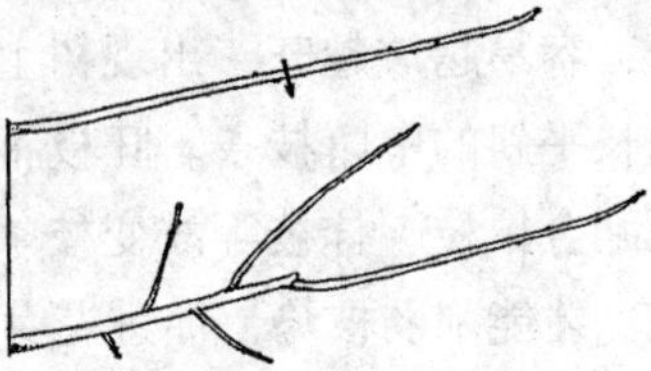

图 7-3　中短截及其修剪反应

3. 重短截

在枝条中下部弱芽（半饱满芽）处截，一般剪口下只抽生 1~2 个旺枝或中枝，生长量较小，树势较缓和，一般多用于培养结果枝组（图 7-4）。

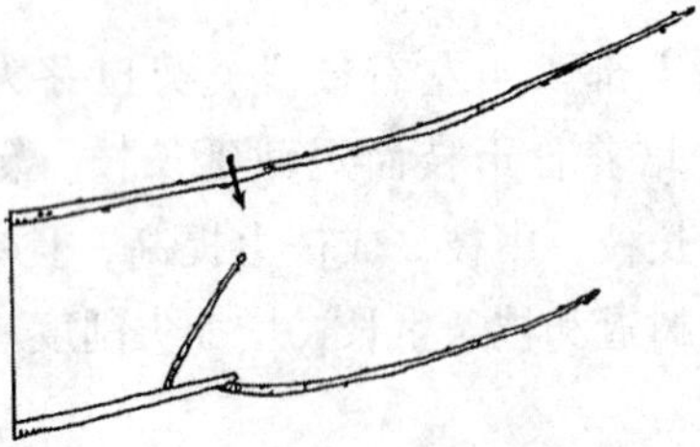

图 7-4　重短截及其修剪反应

4. 极重短截

在枝条基部 1~2 个瘪芽处剪截，截后一般萌发 1~2 个中庸枝，可降低枝位、缓和枝势，一般在生长中庸的树上应用较好，多用于竞争枝的处理和小枝组培养（图 7-5）。

晚实核桃的萌芽率、成枝力均较弱，树冠内枝条稀疏，无效空间较多，因此需要适当多短截枝条，以促生分枝，扩大树冠，充实内膛，培养枝组，增加结果部位。

剪口芽的位置会影响将来枝条的生长方向，短截时要注意剪口芽的位置，一般的要求是留外芽、下芽，不留上芽（图 7-6）。

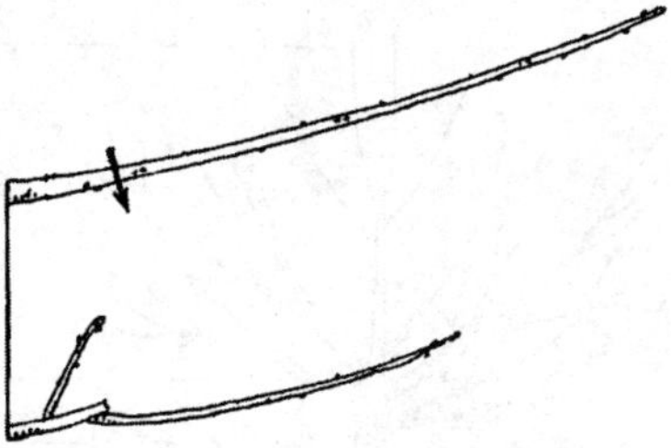

图 7-5　极重短截及其修剪反应

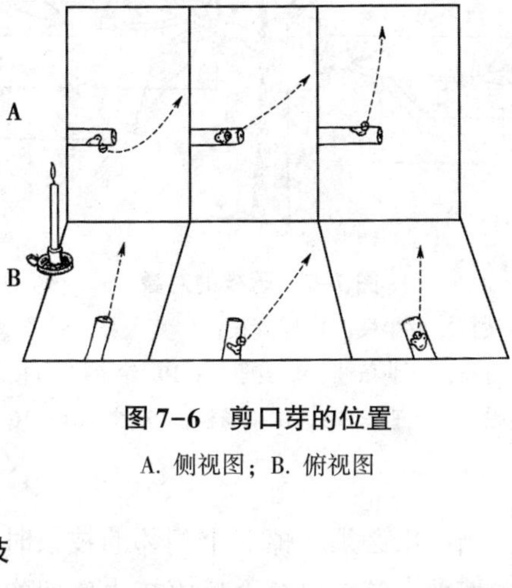

图 7-6　剪口芽的位置

A. 侧视图；B. 俯视图

（三）疏枝

疏枝是将无用的枝条自基部剪掉，疏枝后可改善树体的通风透光条件，有利于光合作用的进行。疏枝的对象主要是密挤枝、病虫枝、干枯枝、徒长枝、重叠枝、交叉枝、对生枝、背后枝等。疏枝能够削弱伤口以上枝条的生长势，增强伤口以下枝条的生长势，但对全树或被疏枝的大枝起削弱生长的作用（图 7-7）。

核桃枝量少，在幼树期整形时要尽量少疏枝，但位置不合适，局部过密的枝条要坚决疏掉，强旺的树疏强枝，留中庸枝；衰弱的树疏弱枝，留壮枝。在疏枝时要注意分期分批进行，不可

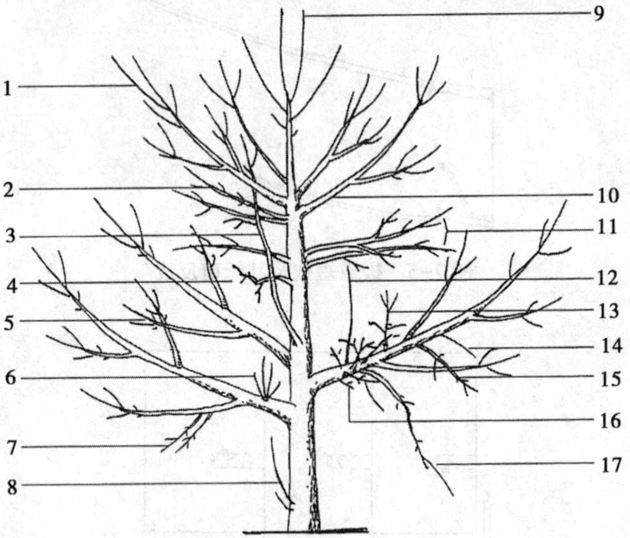

图 7-7　疏枝的对象

1. 背后枝；2. 并生枝；3. 穿膛枝；4. 病虫枝；5. 交叉枝；6. 丛生枝；7. 平行枝；8. 萌条枝；9. 竞争枝；10. 轮生枝；11. 重叠枝；12. 徒长枝；13. 背上直立枝；14. 细弱枝；15. 交叉枝；16. 过密枝；17. 下垂枝

一次疏除过多，当一次必须疏掉 2 个相邻的枝条时，可先疏掉一个，另一个要留橛剪，等伤口愈合后再疏去所留的橛，防止造成对口伤和连口伤而削弱枝条生长势。

春季抹芽、除萌和疏梢也是疏剪，抹芽、除萌就是抹除过多过密的刚刚萌发的嫩芽，疏梢就是疏除过密的新梢，其作用与疏枝大致相同。

（四）回缩

回缩是对多年生枝剪截，一般要在剪口处留一个合适的分枝做带头枝（图 7-8）。回缩可减少树冠枝量，利于通风透光，回

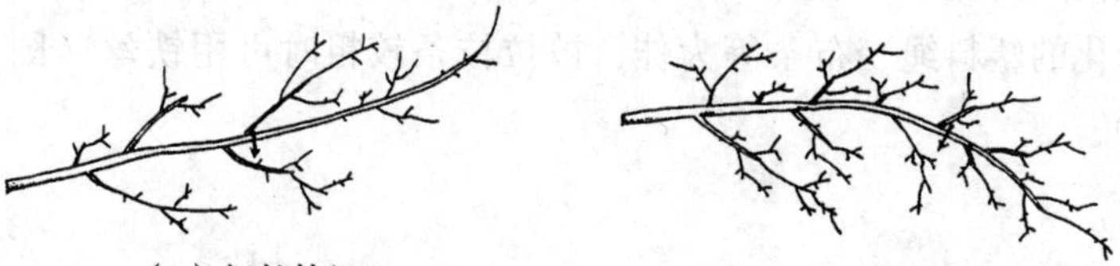

（a）细长枝组　　　　（b）下垂枝组

图 7-8　回缩

缩的作用因回缩的部位不同而异：一是复壮作用，二是抑制作用。复壮作用常用在两个方面：一是局部复壮，如回缩结果枝组，多年冗长枝等；二是全树复壮，主要是衰老树回缩更新骨干枝。对外围延长枝回缩可以更新复壮，促进后部分枝的生长，回缩常用于枝组复壮，防止结果部位外移，使结果枝组的营养集中供应。回缩对生长的促进作用，其反应与回缩程度、留枝强弱、留枝角度和伤口大小有关，如回缩留壮枝壮芽，角度小，剪锯口小则促进作用强，多用于骨干枝、结果枝组的培养和更新，是更新复壮的主要方法。回缩的抑制作用主要是控制强旺辅养枝、过旺骨干枝，通过回缩留弱枝、平斜枝带头可缓和生长势，抑制生长，促进成花结果。

晚实核桃背后下垂枝较多，常影响主、侧枝的生长，需要及时回缩加以控制，单轴枝组细长，结果部位外移，容易衰弱，也需要及时回缩。

（五）拉枝

拉枝是用绳子将开张角度小的枝条拉大角度，绳子的一端绑在被拉枝的中上部合适位置，另一端固定在钉于地下的木桩上。木桩要深入地下 30cm 左右，浅了容易被枝条拉起来。拴在枝条上的绳子不能太靠近枝条梢头，以免把枝条拉弯成“弓”形，正确的拉枝应保持枝条顺直生长，不弯不斜。另一方面绳子在枝条上要缚成活扣，给枝条增粗生长留下空间，以防缢伤枝条，同时拉枝用的绳子要结实牢固，能保证 3 个月以上不风化断开，以抗老化的塑料绳、布条等为佳，被拉枝条较粗时可用铁丝（图 7-9）。

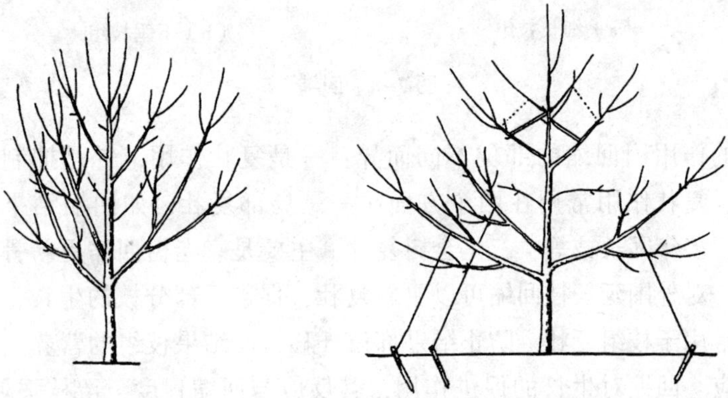

（a）拉枝前　　（b）拉枝后

图 7-9　拉枝

休眠期也可以进行拉枝，但是拉枝的效果不如生长季，在对一些从来没有拉过枝的大树修剪时，不管是什么季节都应该积极拉枝，将需要拉的枝条拉开角度。有些已经生长很粗的枝条不能一次拉到位，就先拉开一些，待生长一段时间后再往开拉，拉总比不拉强，不拉则枝条永远是直立的，树冠郁闭，难以成花。拉枝比较费工，不能强求一次把所有的树都拉完，但总是拉一些就少一些，拉了就有效果，甚至可以说不用动剪子，只拉枝就可以让现有的核桃产量提高 50% 以上，因此必须十分重视拉枝的工作。

在地上钉桩太多会影响地面管理操作，因此在拉枝时可以将拉绳固定在树干上，也可以用木棍从上部支撑。拉枝、撑枝用的木桩、木棍最好不用核桃的枝条，以减少病虫害传播的机会。

二、生长期修剪方法

生长期使用的修剪方法有刻芽、抹芽、摘心、拧枝、短截、疏枝、回缩、拉枝、环剥等，主要目的是控制新梢旺长，缓和树势，促进成花。

（一）刻芽

刻芽是在萌芽之前进行的，严格意义上说属于冬季修剪的内容，但刻芽的目的是为了定向发枝，且刻芽一般在临近萌芽时进行，与枝条的萌发生长有很密切的关系，因此一般认为刻芽属于生长期修剪的方法。

萌芽前对生长健壮的长枝条进行刻芽，能明显提高核桃的萌芽率和成枝力，对增加前期枝量效果明显，特别是对晚实类型的核桃增枝效果显著。刻芽的方法是用刀或钢锯在芽的上方 0.5cm 左右用钢锯条锯一下，横割枝条皮层，深达木质部，要求锯口不超过枝条半周，树皮要锯断，尽量少伤及木质部，太深会使枝条折断，一般隔 3~5 个芽刻一个即可（图 7-10）。

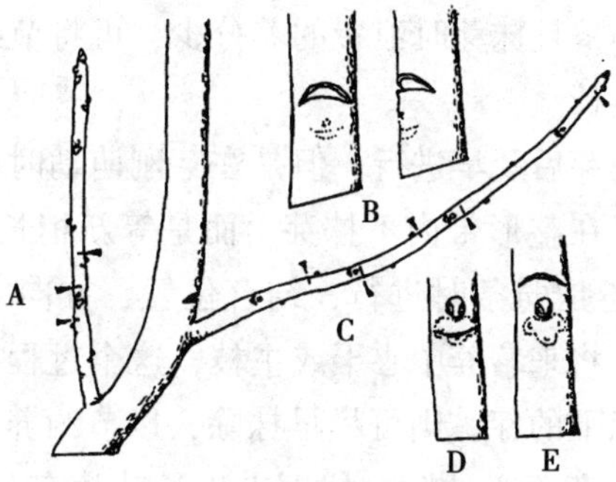

图 7-10　刻芽

A. 直立枝刻芽；B. 目伤；C. 水平枝刻芽；D. 芽后刻；E. 芽前刻

刻芽的时间不能过早或过晚，春季萌芽前1周左右刻芽最为合适。核桃刻芽与苹果不同，苹果刻芽时背后芽在芽前刻，背上芽在芽后刻，核桃平斜枝刻芽时，背下芽在芽后刻，侧生芽在芽前刻，背上芽不刻或在芽前刻，主要刻枝条后部的芽，枝条顶端的饱满芽可不刻。通过刻芽可使树体营养得以分散，提高萌芽率，减少强旺枝的比例，树势缓和。定干后的中心干刻芽时在需要发枝的部位刻，发枝后培养成主枝。

对一些多年生枝条的光秃部位刻伤时可以刻2道或者“目伤”（图7-10B）。目伤是一种比刻芽刺激较大的方法，在芽前刻成月牙形或半月形的伤口，长度不超过枝条周长的1/3，深、宽约2mm，目伤可用芽接刀或专门的目伤刀具。现在葡萄、苹果等树上有专门的“抽枝宝”药剂可代替刻芽，促生枝条，在核桃树上应用效果如何还需要进一步试验。

（二）抹芽

抹芽是春季萌芽后将多余的芽或位置不合适的嫩芽抹除。抹芽时直接用手将新芽掰掉即可，如果已长成较长的新梢则需用剪刀剪去（疏梢），防止将枝皮拉伤。相对于疏枝，抹芽的伤口小，对树体的损伤小，且抹芽时浪费的养分少，可将节约下来的养分供应其他枝条生长。

抹芽应在萌芽后及早进行，但是在芽刚萌动时不容易判断芽的生长势，所以在整形带内不抹芽，而是等新梢长到20~30cm，能区分是壮条还是弱条时进行，结合位置、方向等因素去掉弱枝，留下壮枝，将来培养中心干或主枝，这个过程称为定梢。如果是在整形带以下的芽，则可尽早抹除，以节约养分。也有人认为整形带以下的芽不必抹除，留下来生长叶片有利于主干增粗，待冬季修剪时再剪掉。

（三）摘心

生长季节将新梢顶端的幼嫩部分摘除，称为摘心（图

7-11）。摘心可抑制新梢生长，促进萌发分枝，利于花芽形成和提高坐果率。第一次摘心在 5 月底到 6 月上旬之间，待新梢长到

图 7-11　摘心及其修剪反应

60~80cm 进行，只摘掉枝条的嫩尖。摘心后的枝条长出新的二次枝后，8 月底将新长的二次枝进行第二次摘心。摘心要注意对当年生的长枝都要摘，对中短枝不摘。在 9 月中旬对 2~4 年生幼树上没有停止生长的新梢全部摘心能够促进枝条充实，在北方地区有利于过冬防寒，减少抽条，使其安全越冬。

对于树冠内部的长枝、直立旺枝和徒长枝，有空间时应及时摘心，控制长度，促进分枝，以培养成结果枝组。

（四）拧枝

核桃新梢的髓心较大，不宜采用扭梢的方法，常用拧枝的方法。拧枝时左手捏紧枝条基部，右手握住核桃枝条，相距 20~30cm，绕枝轴转一下，使枝条拧到伤筋动骨，在 1~3 年生枝上进行，可缓和树势，促进花芽形成（图 7-12）。短的枝条拧 1 次，长的枝条从基部开始，每隔 20~30cm 拧一次。如果枝条较硬，拧不动时可把被拧的枝条稍弯曲成横向时即可拧转，通过拧枝可以开张枝条生长角度，使木质部受到一定的损伤，枝条运输能力下降，生长势变弱，容易形成花芽。处理时间以 5 月底到 6 月初为

图 7-12　拧枝

佳，主要处理对象是背上枝、背下枝等生长旺盛的枝条，背上直立的新梢拧枝后可当年形成花芽，第 2 年开花结果。拧枝也称为转枝，拧枝时要小心，将木质部拧伤变软即可，不能拧断了。

(五) 短截

生长季短截能增加幼树期枝量，最佳时间在 5 月底到 6 月上旬，选择外围生长旺盛的营养枝，剪除枝条长度的 1/3，一般情况下可萌发 2~4 个分枝，剪截过轻和过重的只能萌发 1~2 个枝条。短截过早出枝较少，短截过晚新条生长不充实不利于成花和安全越冬。注意在旺树和旺枝上短截，弱树和弱枝不短截。

(六) 疏枝

通过春季抹芽定梢后夏季疏枝的量并不大，夏季疏枝对树体有较强的削弱作用，所以一般在夏季修剪时不用或尽量少用疏枝的方法。但是对于旺长郁闭的树要适当疏枝，以解决通风透光的问题。疏枝的对象主要是密挤枝和位置不合适的枝条，只疏除 1~2 年生枝条，不疏大枝。疏除大枝的时间尽量放在冬季修剪时，或者在秋季采果后疏除，一次疏枝的量不能过多，防止过度削弱树势。

（七）回缩

当主枝、枝组衰弱时需要回缩更新复壮，主要是针对枝轴延伸过长、过度下垂、后部光秃的枝组，通过回缩后可缩短枝轴，解决枝组下垂，促发后部更新枝，培养紧凑的结果枝组。夏季回缩时一般只回缩细弱枝、下垂过长枝，回缩量应小。

（八）拉枝

拉枝能改变枝条生长方向，开张角度，使直立枝平斜生长，缓和生长势，合理利用空间。对于因枝条角度不开张而导致的树冠郁闭问题要想办法拉枝开张角度，生产中树冠郁闭大都是由于枝条角度不开张造成的，枝条拉开后甚至会显得树冠太空，枝条不够用。

在生长季对骨干枝及时开张角度，能够缓和树势促进成花坐果，小冠疏层形骨干枝的角度以 70°~80°为好；主干形或纺锤形骨干枝的角度应在 80°~90°。

拉枝开角能够抑制枝条旺长，增加萌芽率，改变顶端优势，防止后部光秃，还可以合理利用空间，是幼树期多结果的重要修剪方法。而且枝条 1~2 年生的时候比较细，容易拉枝，多年生粗枝拉枝较难操作，所以拉枝一定及早进行。

拉枝的最佳时间是在 7 月底至 8 月初，生产中要在这个时间集中精力拉枝，开张枝条角度。拉枝所用的材料要结实耐用，一般需要经过 3 个月的生长，枝条的生长方向才能固定，不结实的拉枝材料很快断掉，被拉枝条又回到原来的位置，起不到拉枝的作用。

（九）环剥

花后环剥可提高坐果率，对促进核桃树的当年生枝条形成腋花芽效果明显，对生长旺盛的核桃树可以环剥，弱树不能环剥。环剥方法是用刀子在核桃树的主干上剥下宽度相当于其直径 1/10

的一圈树皮，然后用报纸条将剥口裹起来。核桃环剥后伤口不易愈合，注意留下2～3cm的营养通道不剥皮，为了保险起见，可只环割而不剥皮。在泡核桃上有用划破树皮促进坐果的方法，可以在普通核桃上试用（图7-13）。

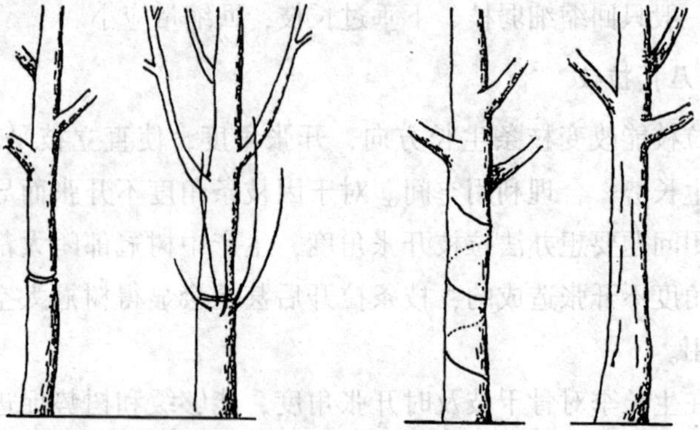

图7-13　环剥与划皮

A. 环剥；B. 螺旋状划皮；C. 竖状划皮

三、结果枝组的修剪

核桃结果枝组是由结果的枝条组成的单位，生长在中心干、主枝、侧枝等各级骨干枝上。根据结果枝组中枝轴的多少可分为单轴结果枝组和多轴结果枝组，或者划分为小型结果枝组、中型结果枝组和大型结果枝组，在修剪时要特别注意结果枝组的培养与更新。大型枝组占据1m左右，中型枝组占据0.6m左右，小型枝组占据0.3～0.4m的间距。

有计划地培养强壮的结果枝组，增加结果面积，是保证核桃丰产的重要措施。结果枝组的培养方法有以下几种：一是着生在骨干枝上的大中型分枝，经回缩后改造成大、中型结果枝组；二是利用有分枝的强壮发育枝，采取去强留壮，去直留平的修剪方法，培养成中小型结果枝组；三是利用部分长势中庸枝条缓放后培养成结果枝组等（图 7-14）。有目的地在内膛选留健壮枝条或者是徒长枝，待其发生分枝时将其回缩。促使枝条更加强壮，促生更多的分枝，扩大结果面积，且使结果枝组均匀分布在树冠上。由于核桃树的叶子比较大，遮光严重，大、中型枝组枝轴间应保持 60~100cm 的距离，枝组间互不遮阴，以利于接受光照。

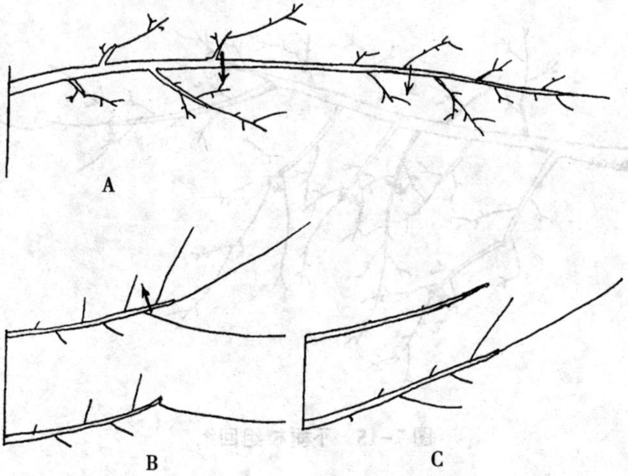

图 7-14　结果枝组的修剪

A. 回缩改造；B. 去强留弱；C. 中庸枝缓放

为防止结果部位外移，应不断更新枝组。多数的结果枝组用壮枝带头继续发展，空间较小的可以去直留斜，缩剪到向侧面生长的分枝上，引向两侧生长，缓和生长势。背上枝组可重回缩促其斜生，压低为小枝组。长势弱的枝组，下垂的枝组，要去弱留强，去老留新，抬高枝角，使其复壮（图 7-15）。对有碍主、侧枝生长，影响通风透光的枝组进行回缩避让，过密的可以疏除。大型枝组水平延伸过长、后部出现光秃时，应回缩短截到 3~4 年生的中庸健壮分枝处。

结果枝组连续数年结果后，长势逐渐衰弱或因逐年向前延伸，使枝组基部光秃，故必须进行回缩复壮。对小型结果枝组，应去弱留强，使之不断扩大营养面积，当枝条丰满时去强枝留中庸枝，促使形成较多的粗壮结果母枝，以提高结果能力；对密挤细弱枝条，应进行疏间，减少养分消耗，改善通风透光条件，促进由弱转壮，形成结果母枝。

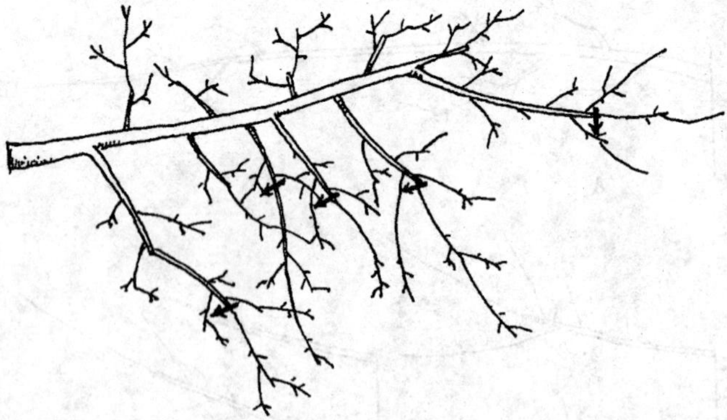

图 7-15　下垂枝组回缩

四、不同类型枝条的修剪

核桃树冠内的枝条类型多种多样，而修剪的过程就是对各类枝条采取剪截、取舍、改变方向等措施的过程，在修剪的时候要掌握基本的原则，区分各类枝条，采取相应的修剪措施。

（一）营养枝的修剪

营养枝的修剪多以长放或轻剪为宜，还需要对直立枝条进行拉枝或拧枝等处理，目的是缓和生长势，增加分枝数量，促进花芽形成。对于树冠内的健壮发育枝，可用去直留斜、先放后缩的办法培养成中、小型枝组。生长势较弱枝组应去弱留壮、去老留新，进行更新复壮。

短截营养枝时，短截数量以总枝量的 1/3 左右为宜，以中轻度短截为好，促进分枝。切忌枝枝都剪，刺激枝条旺长。

（二）徒长枝的修剪

内膛萌生的徒长枝，生长势强，处理不及时会扰乱树形，甚至形成树上长树，影响光照，消耗养分。若处理及时，控制得当，可利用徒长枝培养结果枝组，充实内膛，补充空间，增加结果部位。衰老树上还可利用徒长枝培养成结果母枝，更换主、侧枝，使老树更新复壮。

徒长枝在生长旺盛的成年树和衰老树上发生较多，年生长量大，大量发生时常常扰乱树形，对于位置合适的可通过摘心、短截等方法培养成结果枝组，对扰乱树形的徒长枝应及早疏除。

对于树冠内膛枝条量足够的，可在初萌生时将徒长枝从基部剪去。内膛空虚部分的徒长枝，可依着生位置和长势强弱，在枝长 1/3~1/2 的饱满芽处短截，2~3 年即可形成结果枝组，增补空隙，扩大结果范围，达到立体结果的目的。

早实核桃徒长枝较多，基部潜伏芽萌发后长成徒长枝，第二年就能抽生结果枝，最多可达 30 余个，果枝长势由顶部向基部逐渐减弱，枝条变短，最短的都看不到枝条，只能看到雌花，生长很弱。所以早实类型核桃树上的徒长枝可以很容易地培养成结果枝组而加以利用，在修剪时以开张角度为主，尽量不直接疏除。

（三）二次枝的修剪

二次枝是早实核桃结果的同时又抽生的枝条，二次枝就是果台副梢，健壮的二次枝可以形成花芽连续结果。生长旺盛的二次枝需要在夏季摘心或者从基部疏除。对于只长 1 个二次枝的，可夏季摘心或短截，促其木质化，2 个二次枝的要疏掉一个，摘心 1 个，结果枝上发生的多个二次枝要留壮除弱，从基部疏除一部分（图 7-16）。

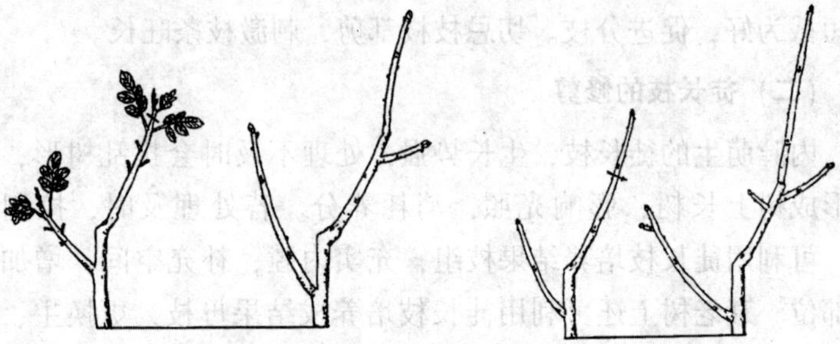

（a）夏季摘心　　　　（b）冬季短截

图 7-16　次枝的修剪

（四）过密枝的修剪

早实类核桃枝量大，树冠内膛枝过密，易造成通风透光条件恶化，应本着去强去弱留中庸的原则及时疏除过密枝。过密枝疏除时应分批分次剪除，避免一次剪除伤口过多，如果能在萌芽阶段就抹芽控制，效果更好。

（五）结果母枝的修剪

核桃结果母枝的顶芽是混合花芽，一般不可短截，特别是晚实类型核桃腋花芽少，剪掉结果母枝顶端也就将花芽都剪掉了，所以一般只疏去密生的细弱枝、枯枝、病虫枝、重叠枝，使其通风透光，保留充实健壮的结果母枝。早实类型核桃结果母枝的腋花芽较多，当结果母枝较长时适当短截，可以缩短枝轴，还有疏花的效果。

（六）延长枝的修剪

树冠外围主枝抽生的 1 年生延长枝，当需要扩大树冠和增加分枝时可在顶芽下 2~3 芽处进行短截，如顶部芽不充实，可在枝条中部找饱满芽处剪截，以扩大树冠和增加结果部位。当树冠扩大到目标大小时就不再短截延长枝，而是要缓放让其成花结果。当树冠过大，造成株间甚至行间密挤时还要回缩延长枝。

（七）背后枝的修剪

核桃的背后枝与其他果树不同，核桃背后枝的吸水能力强，比背上枝长势旺，竞争力强，开张角度也比较大，并且还逐年开张，几年后会形成下垂的“狼尾巴”枝，任其生长时往往超过原头，形成“倒拉枝”现象，影响主枝的正常生长，造成前部旺长，后部光秃的现象，不仅起不到骨干枝的作用，还有可能会把主干枝拉垮，使原枝头变弱甚至枯死，这是核桃不同于其他果树的一个重要特性，也是核桃修剪中应该特别注意的一个重要现象。因此背后枝一般都会作为处理的对象，疏除或控制生长，选留侧枝时也不用背后枝。

背后枝的修剪要根据其生长势情况区别对待，如果背后枝与原头长势相似，则应及早疏除背后枝［图 7-17（a）］。如果背后枝粗度、生长势已超过原头，而且角度合适，可以用背后枝换头［图 7-17（b）］；如果背后枝长势中庸或弱，并已形成花芽，可保留结果，还可在分枝处回缩，培养成小型结果枝组［图 7-17（c）］。有的人对背后枝一律疏除的做法是不合理的。

五、化学促控

植物生长调节剂可以抑制核桃的生长，延缓生长势，控制树体旺长，常用的是多效唑和 PBO。对生长旺盛的核桃树，从 7 月下旬开始，叶面喷布 0.33%~0.50%的 15%多效唑或 PBO 等生长抑制剂 2~3 次，使枝条充实健壮，防止徒长，促进形成花芽。或在萌芽前土施多效唑，根据主干直径粗度，每厘米不超过 1g 即可，土施多效唑最好是 3 年生以上的核桃树。

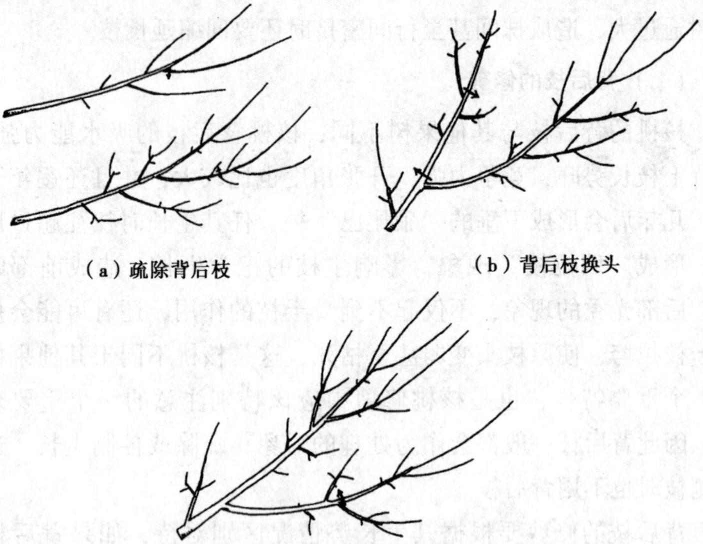

（a）疏除背后枝　　（b）背后枝换头

（c）背后枝培养成结果枝组

图 7-17　背后枝的修剪

六、伤口保护

核桃修剪过程中常常造成伤口，这些伤口一方面散失大量的水分，另一方面是病菌入侵的通道，在冬季修剪时还从伤口流出“伤流液”，另外腐烂病、枝干害虫、大风刮折等也会造成树体伤口，过多的伤口会导致树体衰弱。因此在修剪的同时，尽量减少伤口、加强伤口保护是十分必要的。

一是要多动手，少动剪。多用拉枝、抹芽、摘心等方式控制生长势，尽量少剪枝，少锯枝。二是新造成的大伤口用愈合剂涂抹 1~2 次。小的剪口可以不涂，大的伤口一定要涂，加快伤口愈合。三是留保护桩，一般剪口距芽要留约 1cm 保护桩，防止因髓部失水影响剪口芽的生长。冬剪要长，夏剪宜短。锯大枝将形成对口伤时先锯除一个，另一个留保护桩锯除，等先锯除的伤口愈合后再锯除保护桩。保护桩一般可留 20~30cm 长，枝粗长留，枝细短留，保护桩的伤口也要涂抹愈合剂。

七、修剪注意事项

（一）树形选择的问题

核桃生产中的树形种类并不多，新栽密植核桃园应优先选用有中心干的树形，尽量不用开心形。有的地方在培养树形时不注重拉枝、不注意主枝的选留，导致主枝生长直立，“下强上弱”，中心干生长弱，无法带头，就简单地将中心干剪掉，从而把有中心干的树形改成开心树形，这种方法是不可取的。

树形选择时除考虑品种、栽培地的生态环境、管理水平等因素外，必须考虑核桃园的株行距。株行距大时选用疏散分层形、小冠疏层形等树冠比较大的树形，株行距小时选择自由纺锤形、开心形等树冠比较小的树形，且注意树冠的高度和大小，一方面树冠过高影响光照，树冠过大影响行间操作和通风，另一方面树冠过低、过小会浪费土地、浪费光热资源，产量降低。

生产中的核桃树很多都是放任生长的，基本上是自然树形，不属于优质丰产树形，对这部分树要进行适当修剪，改造成结构合理的丰产树形。

（二）定干的问题

（1）干高。树干高低对生长结果、栽培管理、间作物管理等影响很大，核桃树整形修剪时存在定干过高或过低的问题，几十年生的大树主干太高，而新栽小树往往主干太低。以往主干高的原因主要是这些树是“林粮间作”或者孤植树，种植在地间垄上或地头，要保证间作物的生长。而现在新建的核桃园，往往是以核桃为主的密植园，大多数的品种是早实类型，结果早，最容易出现主干过低的问题。

高干的特点是根、冠间距大，树冠体积小，无效消耗增多，生长势比较缓和，容易上部生长强，便于树下地面管理，主干过高增加树上管理难度，但下部通透性好。矮干的特点是树冠体积大，生长势较强，易下强，便于树冠管理，不利于地下管理，结果后枝条易下垂拖地，通风不良。核桃的主干定多高合适，需要具体分析。

第一，考虑栽植密度及整形方式：稀植大冠干宜高，矮化密植干宜矮，疏散分层树形干宜矮，纺锤树形干宜高。

第二，考虑主枝角度：主枝角度大，干宜高；主枝角度小，干宜矮。

第三，考虑气候条件：高纬度，干宜矮；低纬度，干可高。

第四，考虑立地条件：山地、丘陵地、贫瘠土壤、高海拔干宜矮；平地、低洼地、肥沃土壤、低海拔干宜高。

另外需要进行林粮间作时干宜高，考虑将来用材时干宜高。

主干高度依据栽植方式而确定。行道树、农林间作、防护林副林带及房前屋后散种的核桃，主干高 1.2~2.0m，成片栽植的核桃主干高 0.6~1.0m；平地密植栽培时早实品种主干高 0.4~0.7m，晚实品种主干高 1.2~2m；山地栽培时早实核桃干高 0.5~1.2m，晚实核桃主干高 1~1.2m（图 7-18）。

“干高”与“定干高度”是两个不同的概念，干高指的是树形结构指标中主干的高度，而定干高度是“干高+整形带”的高度，整形带常用的是 20cm。

（2）整形带的问题。习惯的整形带剪留长度为 20cm，其实这并不是一个合适的长度，按照这个长度去留，选留主枝时容易出问题。定干的目的之一是选留主枝，按照 20cm 的整形带选留，到第二年春季修剪时只能留 2 个主枝，而生产中大多数会留 3 个主枝，甚至有留 4 个主枝的，这个留法不符合主枝间距 20cm 的要求，且不注意夏季修剪时第一年发的枝条常形成轮生现象，往

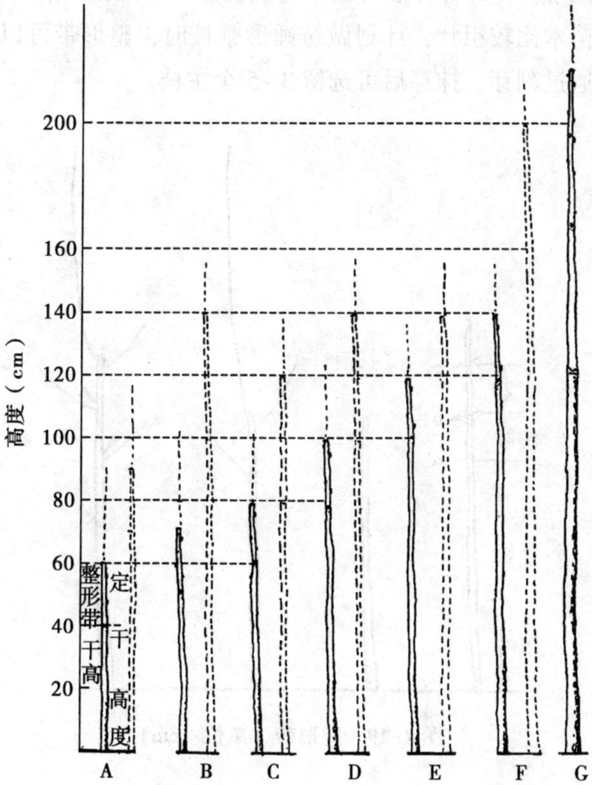

图 7-18　核桃干高与定干高度

A. 平地早实；B. 山地早实；C. 成片栽植；D. 防护林；E. 山地晚实；F. 平地晚实；G. 行道树

往造成主枝间距过近、掐脖、第一层主枝生长过旺等一系列问题。同样以 60cm 作为干高（图 7-19 的 a 点），改进的方案有两个：一种方案是留 20cm 的整形带，发芽后留 3 个枝条，1 个做中心干，2 个做主枝，主枝间距离 20cm（图 7-19 的 b 点）；另一种方案是留 40cm 的整形带，通过刻芽，选留 4 个枝条，最上面的 1 个枝条做中心干，下面的 3 个枝条做主枝，主枝间距离 20cm（图

7-19 的 c 点），这种方法可在早实核桃品种上试验后推广应用。

当苗木比较粗壮，计划做纺锤形整枝时，整形带可以留得长一些，通过刻芽、抹芽后可选留 3~5 个主枝。

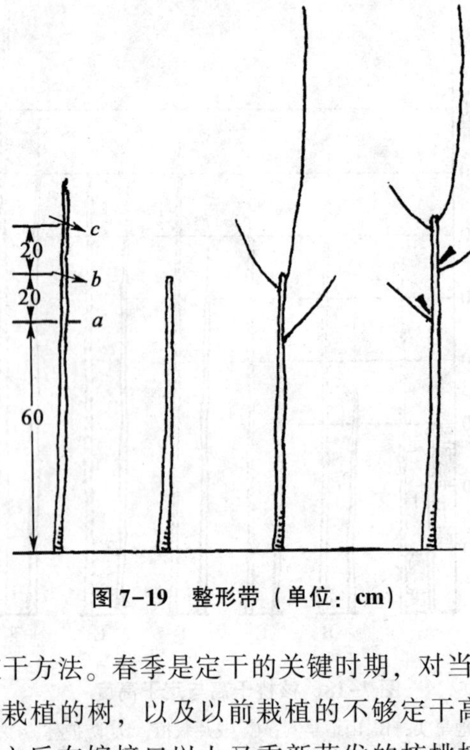

图 7-19　整形带（单位：cm）

（3）定干方法。春季是定干的关键时期，对当年新栽幼树、前一年秋季栽植的树，以及以前栽植的不够定干高度而留下来的，抽条死亡后在嫁接口以上又重新萌发的核桃树都要进行定干，如果是在嫁接口以下萌发的则需要重新嫁接。

常用的定干方法是在栽植前或栽植后按照所需的剪留高度对苗木进行短截，找一节粗细合适的竹竿或细棍，用米尺量好所需要的尺寸，再用这根棍子去衡量苗木的高度，进行截断。一般的定干方法定干较高，常为 80cm 左右（图 7-19、图 7-20 的 b 点），地上部留芽较多，而苗木栽植后根系的吸收能力还没有恢复，第一年往往表现发枝较少，枝条长势弱，生长缓慢等问题，因此建议采用改良定干法。

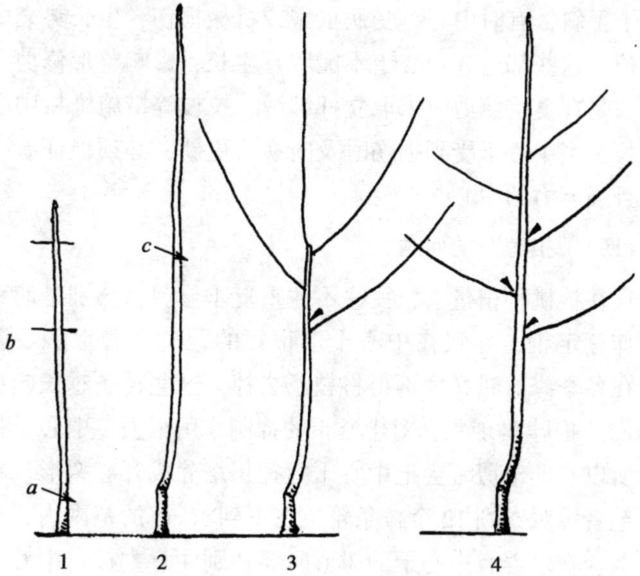

图 7-20　定干方法

1. 第一年中截干；2. 第二年定干；3. 第三年；4. 第四年

改良定干法是栽植后第一年重短截，第二年再定干。核桃定植后的第一年主要是恢复根系生长，枝条生长比较缓慢，留 10~20cm 重截干（图 7-20 的 a 点），萌芽后 10 天左右留一个壮条，其余的芽抹除，长至比定干高度高 20~30cm 时摘心，促进枝条充实，芽体饱满。第二年春季按树形培养要求定干（图 7-20 的 c 点），培养主枝，在“干高+整形带长度”处短截定干，干高以下的芽在萌芽后抹除，在整形带内合适位置刻芽定向发枝，留做主枝，其余的芽也要抹除。

（三）中心干直立

生产中新栽幼树中心干歪斜的现象很多，导致后期树形偏头、偏冠，树冠不圆满，主要原因是幼树生长量大，一年生枝长度超过 1m，核桃叶片大、枝叶较重，受风吹雨打的影响，引起中心干歪斜，有时中心干受病虫害或机械损伤，生长势衰弱，甚至死掉，这些都造成中心干不能顺直生长，影响整形修剪。合适的做法是在夏季修剪时采取立杆绑缚、拉枝等措施维持中心干直立生长，当中心干受到损伤时及时换头更新，必须保证有一个直立而且强有力的中心干。

（四）“掐脖”的问题

现在核桃种植量大，往往不注重夏季修剪，特别是萌芽后不注意抹芽定梢，导致在中心干上很短的距离内着生了较多的枝条，在冬季修剪时又舍不得将枝条去掉，这些枝条越长越粗，最后形成“掐脖”现象，对中心干的抑制作用很强，中心干长不起来，所以有的修剪者会把中心干抠掉，培养成开心树形。在生产中，笔者曾观察到 12 个枝条轮生在不到 10cm 的范围内，让人难以下剪。在培养有中心干的树形时要特别注意主枝在中心干上着生的距离，一般要求间隔 20cm 左右留一个主枝，主枝开张角度大的，距离可小些，主枝开张角度小的，距离要大些。

（五）拉枝的重要性

核桃耐修剪，不修剪也能结果的思想影响很大，特别是许多人认为核桃背下枝生长旺，容易形成倒拉枝，结果后能够开张角度，核桃修剪时只动剪子不动绳子的很多，枝条角度不开张，或者开张角度不到位，期望于结果以后自然下垂，有的书上也这样介绍，实际上并非如此。我们观察过许多的核桃树，原先直立生长的枝条并没有出现结果后角度开张下垂的情况，反而长势很旺，形成抱头生长的现象，导致树冠内枝条密挤、杂乱。只有角度原本就比较开张的一些枝条才可能在结果后下垂，这部分枝条下垂的主要原因是枝条生长过长，分枝多集中于枝条前端，且原来的分枝角度就比较大，这些枝条的生长势一般比较偏弱，容易成花结果。

核桃要想丰产，必须整好树形；要想整好树形，必须拉枝。现代核桃修剪拉枝是主要的工作，虽然比较费工，但效果也很突出，如果在枝条比较细的时候不拉枝，等枝条长粗了以后想开张角度时费的功夫就不是这一点点了，而且效果也不好，不拉枝、只动剪子是剪不好树的，所以我们现在要强调“不动绳子不剪树”，要让拉枝成为核桃修剪中的常用方法。

（六）“留橛”的问题

在秋季、冬季修剪时，许多修剪者为了防止剪口芽“抽干”，常常“留橛”修剪，疏枝时也喜欢“留橛”，特别是疏内膛大枝时喜欢“留橛”用作上树时的脚蹬子，这种做法是错误的。修剪时留下的“橛”上面没有生长点，会很快干枯死亡，成为病虫害入侵的伤口，因此冬季修剪留下的“橛”必须在夏季修剪时剪掉，再涂抹愈合剂，促进伤口愈合，最好疏枝时不要留橛。

（七）修剪习惯

在修剪时要养成良好的修剪习惯，一是剪口的平斜有度，不能过斜或过平（图 7-21）；二是剪口距离剪口芽的距离约 1cm，不能过高或过低；三是剪口要平滑，不能有毛茬或撕皮现象；四是疏枝要留平茬，不能留橛或伤口过大；五是较粗的枝条要用锯子，不能强行用剪刀剪，锯口要平整，防止劈裂枝条或损坏枝条，锯口涂愈合剂（图 7-22）。修剪习惯的养成不是一日之功，在学习修剪之初就要按规矩来，一旦养成不良的习惯，以后很难纠正。

修剪下来的废枝条该如何处理？这是很头疼的问题，病枝一定要拉出地头，烧毁或深埋。修剪下来的细小枝条可以收集起来，深翻时翻入土中让其腐烂，大的枝条需要拉出去粉碎堆沤成肥，或者用作其他用途，如种植蘑菇、木耳等，或烧火做饭等，总之不能让枝条随意扔在地里，一方面会影响耕作，另一方面还

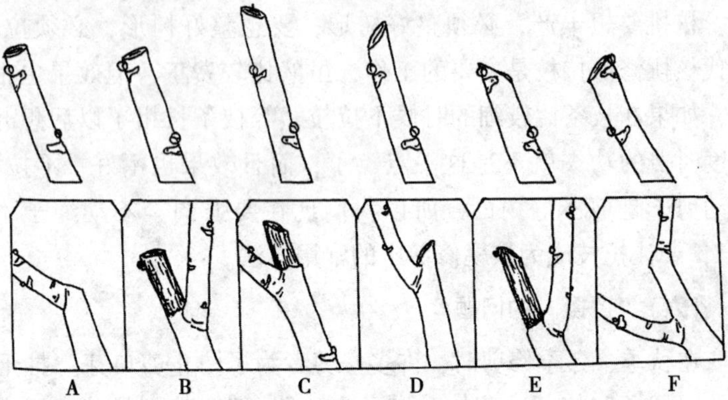

图 7-21　剪口

A. 正确剪口；B、C、D、E、F 为错误剪口

传染病虫害。

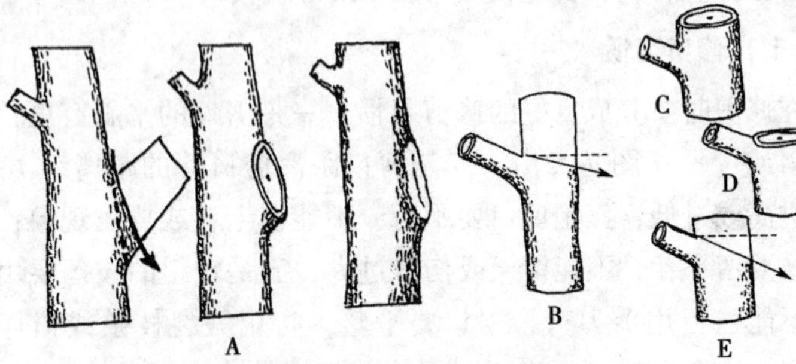

图 7-22　锯口

A、B 为正确锯口；C、D、E 为错误锯口

第三节　常见树形及培养方法

核桃适宜的树形有自由纺锤形、开心形、疏散分层形、小冠疏层形等，生产中晚实核桃多采用疏散分层形或小冠疏层形，早

实核桃多采用自由纺锤形和开心形，具体采用哪种树形，需要根据株行距、管理水平等来决定。

一、树体的基本结构

核桃树体结构可分个体结构和群体结构，群体结构是由个体结构组成的，所以在修剪时要考虑好个体的情况，每个单株的结构都要一致，达到最佳的要求。这里只讲树体的骨干枝结构，骨干枝是指较粗大的枝条，包括主干、中心干、主枝、侧枝等，骨干枝是构建树体结构的主要枝条（图 7-23）。

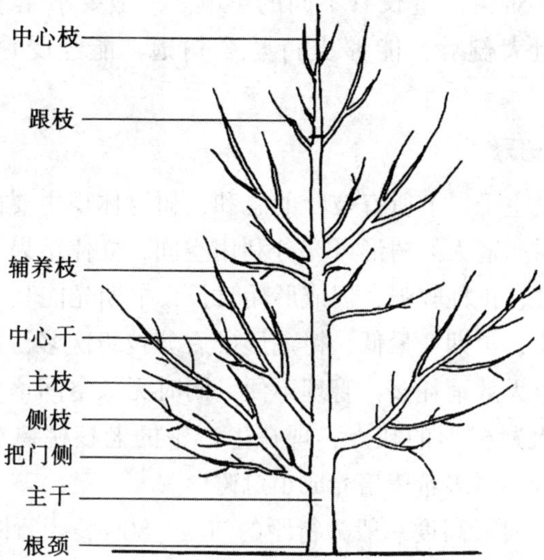

图 7-23　树体的基本结构

主干是指地面根颈处开始向上至第一主枝间的树干，对于有中心干的树形，主干从第一主枝开始向上延伸的部分称为中心干，主枝是在中心干上着生的永久性大枝，侧枝着生在主枝上，结果枝组着生在中心干、主枝和侧枝上。中心干又称中央领导干，是主干的延伸，中心干要保持直立，各级骨干枝的从属关系要明确。

在树形培养过程中要重点考虑骨干枝的着生位置、角度、长度、粗度等指标，树体结构各组成部分的大小、形状、间隔等，都会影响个体和群体的光能利用和生产效率，因此分析树体结构对指导整形修剪非常重要。

（一）主干

主干是地面至第一个主枝之间的树干部分，是根系吸收的养分、水分向树冠输送的唯一通道，也是整个树冠的唯一支撑。核桃的干高对树体影响很大，也是众多修剪者一直在争论的焦点，高干和低干对树体生长有不同的影响。一般要求主干垂直于地面，干体粗大健壮，能够支持整个树冠，能经受风吹雨打不动摇。

（二）树冠

树冠是主干以上所有枝叶的总和，树冠体积主要由冠高、冠径决定。树高冠大的树形可充分利用空间，立体结果，经济寿命长，适应性、抗性较强，但成形耗时长，早期光能和土地利用率低，结果晚，早期产量低，树冠形成后分枝级次多，枝干多，运输距离大，无效消耗多，管理不便，同时无效空间增大。小冠树形可克服大冠树形的缺点，现在生产中的老核桃树多是大冠树形，而新栽小树多希望培养成小冠树形。

理想的树冠高度一般为行距的70%~80%，当行距为6m时，冠高控制在4.2~4.8m。冠径在行内应等于或略小于株距，即保证相邻的2棵树的最宽处相交接而不交叉，在行间要留下2m宽的作业道，以方便机械操作。树冠过小浪费土地及光热资源，树冠过大相互遮光挡风，通风透光不良，容易引起病虫害的发生和结果不良。

（三）中心干

中心干又称中央领导干，中心干的有无与品种及树形有关。

有中心干的树形，主枝和中心干结合牢固，主枝在中心干上可上下分层或错落排布，保持明显主从关系，有利于立体结果和提高光能利用率。中心干高的大冠树形，易出现上强下弱，下部通风透光不良，影响产量和品质，因此应采取分层形，或延迟开心形，改善光照条件。中心干有直线延伸和弯曲延伸两种类型，用于平衡上下生长势。疏散分层形、纺锤形等都是有中心干的树形，而开心形是无中心干的树形，主要用于干性较弱的品种，开心形树冠中部无大枝，容易培养，光照条件较好，但树体负载能力不如有中心干的树形。

（四）骨干枝

骨干枝构成树冠的骨架，担负着树冠扩大，水分、养分运输和负载果实的任务。骨干枝为非生产性枝条，因此在能占满空间的条件下，骨干枝越少越好，级次越低越好，一般中大型树冠，骨干枝多些，分枝级次高些，如疏散分层形主枝 5~7 个，侧枝 13~15 个，骨干枝分为 3 级。小型树冠骨干枝少些，如自由纺锤形，小主枝 8~12 个，无侧枝，骨干枝分为 2 级。成枝力弱的品种骨干枝宜多些，以占满空间为度，否则宜少些。幼树期宜多些，成树宜少些。

另外，骨干枝角度直接影响树冠内光线分布，生长强弱影响骨架的坚固性、结果早晚、产量高低、品质好坏，是整形的关键环节之一。角度过小则生长过旺，树冠郁闭，光照不良，树体生长势不稳定，成花难，产量低，无效区大，易造成内膛光秃，结果表面化。角度过大，树冠开张，冠内光线好，但生长优势转为背下，先端易衰老。生产中常依靠角度调整树冠大小，平衡生长势。

树形培养的过程就是骨干枝培养的过程，骨干枝培养好后树形的整体轮廓也就出来了，衡量树体结构的好坏主要指标是所培养的树形与目标树形的差距大小，差距小说明树形培养比较成功，如果所培养的树形与目标树形差距太大，结构不合理，则无法满足核桃生长结果的要求，需要进行树形改造。树形培养的同时要在合适位置培养结果枝组，结果枝组主要着生在中心干、主枝、侧枝等结构性枝上。

在树体结构中，枝条的性质、着生位置和着生方式的不同，形成了具有不同形态、不同功能的枝条，因此枝条的名称很多（图 7–24），识别这些枝条是进行核桃整形修剪的基础。

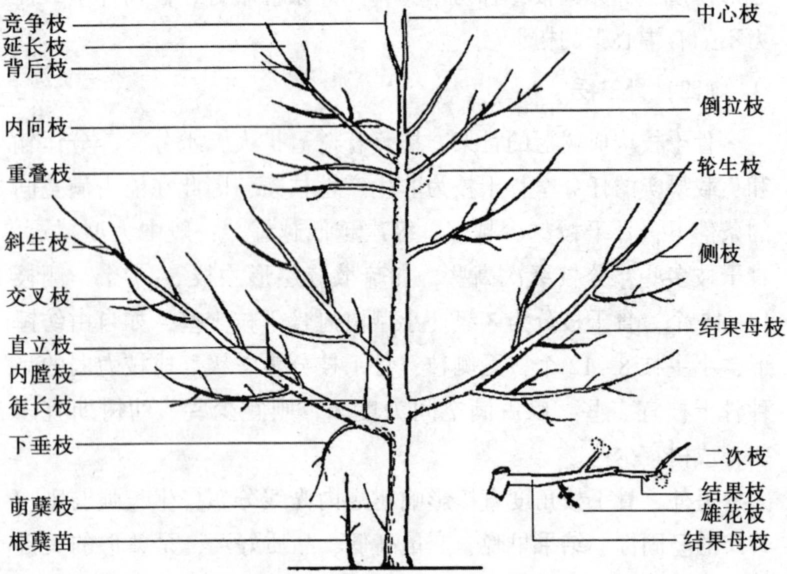

图 7–24 树冠内的枝条类型

二、树冠的群体结构

稀植核桃园要充分考虑个体的发展，让其尽快扩大树冠，占满空间，骨干枝结构要合理，层次分明，树势均衡。密植核桃园要考虑群体结构，单株的结构要尽量简单，树冠要小，防止郁闭，在注意培养个体树形的同时更注重群体结构的培养，一个核桃园的群体结构要好，基本要求是南北成行，大行距、小株距。一般核桃园每亩有中长枝5 500个以上，短枝9 500个以上，总枝量1.5万个左右，短枝占60%左右；叶面积系数保持在4左右；树冠各部位叶片所接受的相对光照强度大于30%。密植园中枝条株间不能交叉，行间要有2m宽的作业道，能通行机械，行内形成波浪式的连续叶幕。

三、自由纺锤形及其培养过程

（一）树形结构特征

自由纺锤形干高0.6~1.0m，树高3.0~4.0m，主枝10~15个，开张角度80°~90°，主枝在中心干上螺旋排列，间距20cm左右，同一方向的主枝上下相距1m以上。冠径2~4m，下层枝大于上层枝，树冠下大上小，像纺锤一样。树冠整齐一致，主枝平展，通风透光条件良好。

（二）适宜的株行距

纺锤形适宜的株行距为3m×5m，密植的2m×4m，稀植的4m×6m都可以采用纺锤形的树形。株行距的大小决定了树体的大小，一定要相互配合，株行距大的选用大冠树形，株行距小的选用小冠树形。

（三）树形培养过程

以培养冠径2m，干高0.6m的纺锤形为例（图7-25）。

第一年，当年定植或前一年秋季栽植的苗木在萌芽前重截主干，剪留10~20cm，发芽后及时抹芽除萌，留一个长势最壮的枝条，8月底后长到1.2m时摘心控长，促进枝条充实。

第二年，萌芽前在1m处定干，萌芽后在主干高度以上的整形带（40cm）内选留方位、距离合适的枝条做中心干延长枝和主枝，剪口下的第一个枝条直立生长，作为中心干延长枝培养，

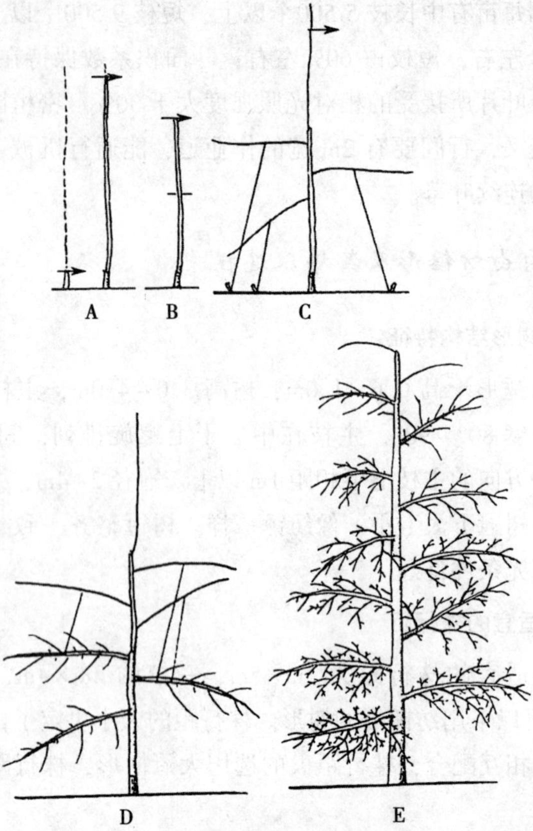

图 7-25　自由纺锤形的培养过程

A. 第一年重截干及摘心；B. 第二年定干；C. 第二年选留3个主枝；D. 第三年选留主枝；E. 目标树形

选留 3 个主枝，间距 20cm，将其余的枝条疏除，7 月下旬后主枝长度达到 1m 的可以拉枝，开张角度至 90°，控制枝条旺长，长度不够 1m 的暂时不拉。如果配合刻芽定向发枝技术，效果会更好。

第三年，萌芽前中心干延长枝短截，留 70~80cm，选择培养

3~4 个枝条做主枝。对前一年长度达到 1m 的主枝甩放不剪，通过刻芽促发分枝，培养结果枝组；长度不够 1m 的枝条基部留 2~3 个芽重短截，发芽后留一个枝条培养主枝。生长季节要注意及时疏除剪口的萌蘖和多余枝条，主枝上的枝条通过拿枝、拧梢等方式控制生长，促进成花。7—8 月对长度达到 1m 的主枝拉枝开张角度，控制新梢的后期旺长。

第四年，继续短截中心干延长枝，继续培养 3~4 个主枝，在已经培养好的主枝上培养结果枝组，在第二年选留的主枝上，可适当留果，以果控冠。

第五年、第六年的修剪基本同第四年，经过 5~6 年的培养树形基本形成。

如果株距大于 2m，行距大于 4m 时，核桃的树冠也要相应地变大，培养自由纺锤形时要对主枝进行短截，使其适当延长，并且主枝角度保持在 80°左右为宜。

培养核桃纺锤形树形时要注意以下几点。

（1）首先要培养一个健壮的中心干，干强枝弱，干弱枝强，中心干不强壮，骨干枝易返旺，导致树形难以培养和维持。中心干的粗度是主枝粗度的 2~5 倍。

（2）核桃长势较旺，干性中庸，易抱头生长，培养纺锤形开张角度是关键。骨干枝角度一定要拉开，并根据纺锤的粗细，来调整骨干枝的基部角度（骨干枝和中心干的夹角），纺锤越细，夹角越大。主枝开张角度大，生长就缓和，才能保持中心干粗壮。

（3）必须有效控制骨干枝的腰角和梢角，防止骨干枝返旺。

（4）纺锤形的培养是夏季剪为主，冬季修剪为辅，重点工作是拉枝开角。

（5）根据立地条件管理水平和树势状况，配合使用多效唑调控树势。

四、开心形及其培养过程

（一）树形结构特征

开心形无中心干，树高 3～5m，冠径 2～4m，干高 0.6～1.0m，主枝 3 个（也有 4～5 个的），角度自然开张，50°左右，主枝间水平夹角为 120°。每主枝选留 2～3 个侧枝，同一级侧枝要同向配置，第一侧枝距离基部 0.8～1.0m，以后侧枝间的距离，依次为 0.5～0.8m 和 1.0m 左右，在主枝和侧枝上培养结果枝组，使其充分利用空间，尽快成形。

开心形的特点是没有中心干，成形快，结果早，整形容易，光照好，便于掌握。适用于土层较薄，土质较差，肥水条件不良的地区，适合用于树姿开张的早实类型品种。

（二）适宜的株行距

株距 2～4m，行距 4～6m 的核桃树均可以用开心形，注意控制树高在行距的 70%～80%即可。

（三）树形培养过程

以培养干高 0.6m，冠径 4m，有 3 个主枝的开心形为例（图 7-26）。

第一年定干高度为 0.8m，然后选留 3 个方位合适的枝条做主枝，不需要考虑主枝在中心干上的着生距离，7 月底至 8 月初适当拉枝，开张角度为 50°左右，弱枝角度稍小，强枝角度稍大，调节枝条生长势，同时调整枝条间水平夹角为 120°。

第二年萌芽前 3 主枝各剪留 80～100cm，弱枝剪得重一些，留壮芽；强枝剪得轻一些，留弱芽，保持主枝间平衡发展。从距主枝基部 20～30cm 开始，每隔 20～30cm 刻一个芽，主枝前端 1/3左右不用刻，对于背上萌发的新梢，长度达到 30～40cm 时留 10～15cm 短截，以促发短枝，培养结果枝组。两侧的新梢生长中

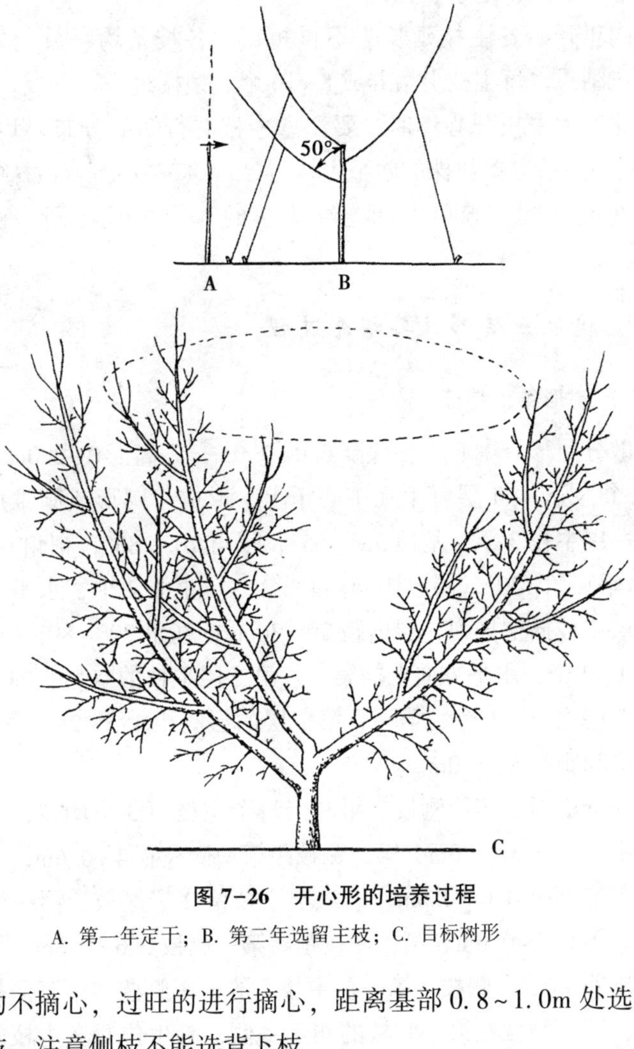

图 7-26　开心形的培养过程

A. 第一年定干；B. 第二年选留主枝；C. 目标树形

庸的不摘心，过旺的进行摘心，距离基部 0.8～1.0m 处选留 1 个侧枝，注意侧枝不能选背下枝。

第三年各主枝延长头剪留 70～80cm，由下至上每间隔 20～30cm 插空刻 1 个侧生的芽，在距离第一侧枝 0.5～0.8m 处的对侧选留第二侧枝。对第二年留下的侧枝轻短截，促发分枝，留做枝组的枝条不短截，甩放成花。

第四年开始各主枝延长头不再短截，各枝条均缓放促发短枝，成花结果。每主枝上培养成8~10个大型枝组。

培养三大主枝开心形时，要注意主枝在行间的分布要均衡，即1、3、5……等单数株的两个主枝与2、4、6……等双数株的一个主枝在同一侧，避免出现连续两株的4个主枝在同一侧的情况。

五、疏散分层形及其培养过程

（一）树形结构特征

疏散分层形有中心干，树高6.0~7.0m，干高1.0~2.0m，主枝6~7个，分3~4层着生在中心干上，形成半圆形或圆锥形树冠。第一层主枝3个，基角55°~65°，腰角70°~80°，梢角60°~70°。水平夹角120°。层内距40cm。第二层主枝2个，水平方向与第一层主枝插空排列，层内距20~30cm，基角70°~80°。第三层主枝1~2个，水平方向上插第一、第二层主枝的空。有的可以培养第四层主枝，1个。第一、第二层的层间距1.5~2m，第二、第三层层间距0.8~1.0m。

疏散分层形要培养侧枝。第一层每个主枝留3个侧枝，第一侧枝距中心干0.8~1.0m，第二侧枝距第一侧枝0.4~0.6m，第三侧枝距第二侧枝0.6~0.8m。第二层主枝留2个侧枝，第一侧枝距离中心干0.5~0.6m，第二侧枝距离第一侧枝0.6~0.8m。第三层主枝培养1~2个侧枝。第一层主枝上的第一侧枝和第三侧枝在同一侧，第二侧枝在第一侧枝的相反一侧，着生位置在主枝的背斜侧为好，切忌留背后枝，侧枝与主枝的夹角以45°~50°为宜。

疏散分层形的特点是树冠大，呈半圆形，通风透光良好，寿命长，枝条密，结果部位多，单株产量高，主枝和中心干结合牢固，负载量大，适合于土壤肥沃深厚、生长条件较好的地方，多用于晚实类型核桃品种。盛果期后树冠易郁闭，内膛易光秃，产量下降。

（二）适宜的株行距

疏散分层形主要用于孤植大树、林粮间作的核桃树等，株行距一般较大，晚实核桃在 8~10m 以上，早实核桃在 6~8m 以上。

（三）树形培养过程

以培养干高 1.0m，冠径 6m，有 3 层主枝的疏散分层形为例（图 7-27）。

第一年栽植后对苗木重短截，在嫁接口以上剪留 10~20cm，萌芽后抹芽定梢，只留一根壮条，待枝条长至 1.4m 时摘心促进枝条充实，如果第一年枝条生长高度不够，第二年继续在前一年的枝条上留 10~20cm 重短截，一定要培养一个健壮的主干和中心干。

第二年定干，选留第一层主枝。定干高度为 1.2m，定干后剪口下的第一个枝条继续保持垂直生长，培养中心干。配合刻芽，剪口下的第二个枝条为第二主枝，在第二主枝以下 40cm 左右选择第一主枝，主枝在 8 月初拉至 55°~65°，两主枝之间的夹角为 120°，第一层主枝间的距离不小于 40cm，除中心干枝、主枝外的其余枝条全部疏掉，大多数情况下第二年只能选留 2 个主枝，第一层三大主枝需要 2 年才能培养完。

第三年继续选留主枝，中心干枝剪留 60cm，发枝后选留第 3 主枝。对前一年留好的 2 个主枝各留 80~100cm 短截，促发分枝，选留第 1 侧枝和结果枝组。

以后逐年按照目标树形的要求培养剩余的主枝、侧枝等结构，晚实核桃 5~6 年时开始选留第二层的 2 个主枝，第二层的第一个主枝距离第一层的第 3 个主枝 1.5m，层内距 20~30cm。以后根据生长情况选留第三层主枝 1 个，距离第二层主枝 1m。

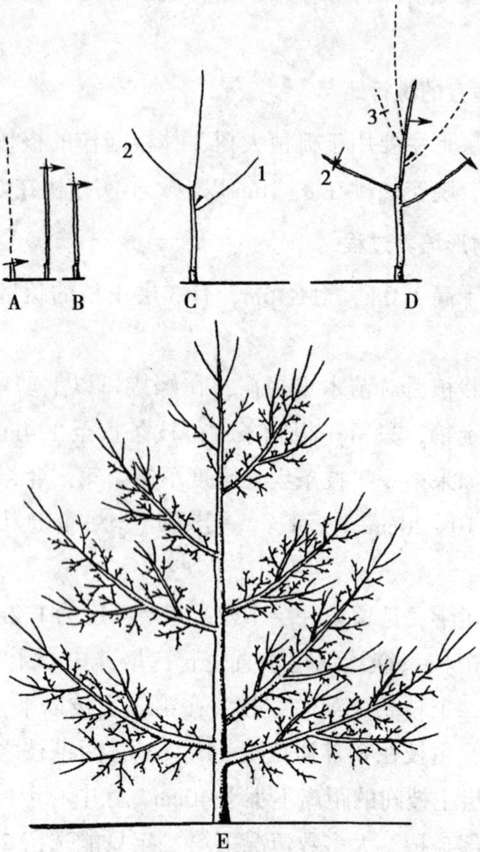

图 7-27　疏散分层形的培养过程

A. 第一年重截干及摘心；B. 第二年定干；C. 第二年选留 2 个主枝；D. 第三年选留第三个主枝；E. 目标树形

六、小冠疏层形及其培养过程

（一）树形结构特征

小冠疏层形干高 0. 8～1. 2m，树高 4～4. 5m，全树分 2～3 层，

培养主枝5~6个，每主枝上着生侧枝1~2个，第一层间距1~1.2m，第二层间距0.8~1m，层内距20cm左右。第一个侧枝距主枝的基部的长度，晚实核桃60~80cm，早实核桃40~50cm，各侧枝在相应主枝的同一方向，避免交叉。小冠疏层形是疏散分层形的缩小版，树体结构基本相同，只是主干低、树冠矮、主枝短、层间距小，适合中等密度的栽植，主要用于早实核桃品种。

（二）适宜的株行距

株距3~5m，行距5~6m。

（三）树形培养过程

以培养干高0.8m，冠径3m，有3层主枝的小冠疏层形为例（图7-28）。

第一年在嫁接口以上留10~20cm重截干，发芽后选留一个枝条作为中心干枝。

第二年定干，定干高度为1.2m，在40cm的整形带内选留4个不同方位、生长健壮的枝，培养为第一层的3个主枝和中心干延长枝，层内距离20cm。当第一层的主枝确定后，除保留主枝和中心干延长枝外，其余枝、芽全部剪除或抹掉。秋季将主枝拉开角度，主枝基角为70°~80°，水平夹角为120°。

第三年春季萌芽前对中心干延长枝、主枝分别进行短截，促发分枝和延长生长，在主枝上距离基部50cm左右培养第1侧枝，其余部位培养结果枝组。

第四年对中心干延长枝短截，选留第二层主枝，一般为2个，距离第一层主枝1~1.2m。对长度达到1.5m以上的第一层主枝不再短截，而是通过刻芽促发分枝，培养结果枝组。开始适当留花结果。

早实核桃5~6年，晚实核桃7~8年生时，除继续培养各层主枝上的侧枝和结果枝组外，开始选留第三层主枝1个。第三层与第二层的间距0.8~1.0m，待第3层主枝培养完成后从最上一

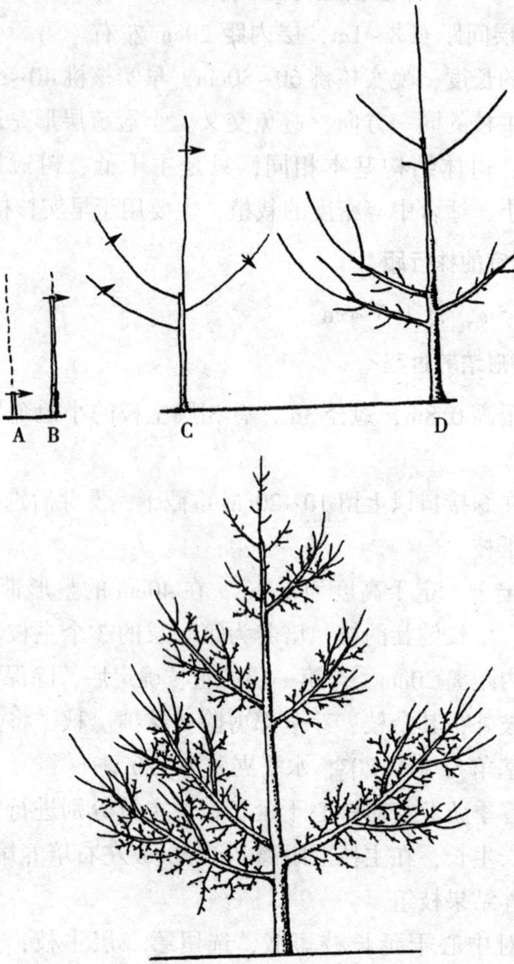

图 7-28　小冠疏层形的培养过程

A. 第一年重截干；B. 第二年定干；C. 第二年选留 3 个主枝；

D. 选留第二层主枝；E. 目标树形

个主枝的上方落头开心，控制树高为 4~4.5m。

在选留和培养主、侧枝的过程中，对晚实核桃要注意短截促其增加分枝，以便培养结果母枝和结果枝组。早实核桃要控制和利用好二次枝，防止结果部位外移，同时还要经常及时剪除主干、主枝、侧枝上的萌蘖、过密枝、重叠枝、细弱枝和病虫枝等。

第四节　不同发育时期的修剪

一、幼树期

生产中核桃幼树期是从苗木定植开始到结果初期，早实核桃为2~3年，晚实核桃为3~5年。核桃幼树阶段生长较快，如果任其自然生长，不易形成具有丰产结构的良好树形。幼树期的修剪任务主要是培养树形，加速扩大树冠，促进分枝，形成各类枝组，提早结果。培养树形的过程，其实就是按照目标树形的结构指标培养主干、中心干、主枝、侧枝和枝组等的过程。早实核桃栽植后的头3年要疏掉所有的果实，以尽快完成树形培养，扩大树冠。

核桃幼树阶段营养生长旺盛，枝梢生长迅速，树冠逐年扩大，此时修剪要注意培养主干，留好主枝，保留辅养枝，及时疏剪密挤枝、徒长枝、细弱枝，树冠内多留结果枝，整形修剪一定要结合拉枝进行，密植树以拉枝为主修剪为辅，既保证主枝分布均匀，生长匀称，还要让主枝开张，树冠层次分明、通透、不偏冠，保证树冠均衡发展，逐步培养成结果体积大的丰满树形。对非骨干枝加以控制或缓放，促进其提早开花结果。幼树期修剪要注意以下几点。

（1）控制二次枝过旺过密时疏除，对选留者在夏季摘心，促其尽早木质化，可加快整形过程。

（2）利用徒长枝通过夏季摘心或短截，促使其中下部分枝生长健壮，培养成结果枝组。

(3) 缓放营养枝以不剪或轻剪为宜，多拧枝或拉枝开张其角度，控制旺长。

(4) 处理好背下枝背下枝一般不需要留的要及早剪除；对已经留下的背下枝，母枝头弱时，可用背下枝替代原枝头，而剪除原枝头；背下枝长势中庸已形成混合花芽时，留作结果枝组，控制生长。

(5) 疏除过密枝整形过程中出现局部密挤时，要适当疏除密挤枝。

二、初果期

早实核桃栽植后4~5年开始留果，进入初果期，初果期的树仍然生长旺盛，树冠继续扩大，树形还未培养完成，结果逐年增多。这时要继续培养树形，适当兼顾结果，在中心干和主枝上培养小型结果枝组，对结果枝组内的分枝去强留壮，保持中心干、主枝、侧枝的生长优势。修剪的主要内容是：一方面继续培养主、侧枝，调整各级骨干枝的生长势，使骨架牢固，长势均衡，树冠圆满，准备负担更多的产量；另一方面，应在不影响骨干枝生长的前提下，充分利用辅养枝早结果，早丰产。

晚实核桃进入初果期较晚，一般为4~6年。修剪时以拉枝、甩放为主，促进成花，尽量少疏枝，特别要注意及时开张角度。

三、盛果期

结果盛期核桃树的修剪，应根据品种特性、栽培方式、栽培条件和树势发育状况的不同采取相应的修剪措施。

核桃定植后早实核桃8~10年，晚实核桃15年左右进入盛果期，核桃盛果期较长，可达数十年。此时核桃树冠停止扩大并逐渐开张，大都接近郁闭或已经郁闭，产量逐年上升，结果部位外移，部分小枝开始枯死，出现隔年结果现象。这一时期修剪的主要任务是，加强综合管理，保持树体健壮，维持各级骨干枝的从属关系，平衡树势，调节生长与结果的关系，不断改善树冠内的通风透光条件，防止结果部位外移，及时培养与更新结果枝组，乃至更新部分衰弱的骨干枝，以维持较高而稳定的产量，延长盛果期年限。

树形培养完成后，树高达到一定的高度可逐年落头去顶，用最上层主枝代替树头。刚开始进入盛果期，各主枝还继续扩大生长，仍需培养各级骨干枝，及时处理背后枝，保持枝头的长势。当相邻树枝头相碰时，可疏剪外围，转枝换头。先端衰弱下垂时，应及时回缩，抬高角度，复壮枝头。盛果期大树的外围枝大部分成为结果枝，由于连年分生，常出现密挤枝、干枯枝和病虫枝，应及早从基部疏除。通过这样处理，可改善内膛光照条件，做到“外围不挤，内膛不空”。

结果枝组是盛果期大树结果的主要部位，因而结果枝组应该在初果期和盛果期即着手培养和选择，以后主要是枝组的调整和复壮。树冠内的大型枝组水平延伸过长，后部出现光秃时，应回缩到3~4年生的分枝处，以促进后部萌发新枝，更新结果枝组。

四、衰老期

在通常情况下，早实核桃40~60年、晚实核桃80~100年以后，进入衰老阶段，常出现大枝枯死，树冠缩小，主干腐朽，结实量减少，内膛容易产生徒长枝，开始自然更新等现象。衰老树修剪的任务是在加强土肥水管理和树体保护的基础上，有计划地进行骨干枝更新，形成新的树冠，恢复树势，以保持一定的产量，并延长其经济寿命。因树制宜，对老弱枝进行重回缩，充分利用徒长枝更新复壮树冠，对新发枝及早整形，彻底清除病虫枝，更新复壮、防止新发枝郁闭早衰、防病虫害，保持健壮、延长经济寿命，保证收益，另外应多疏除雄花序，以节约养分，增强树势。对衰老期核桃树进行更新修剪的主要方法如下所述。

（一）树冠更新

树冠更新是将主枝全部锯掉，使其隐芽萌发并培养新主枝。具体做法有两种情况：其一，对于主干过高的植株，可从主干的适当部位，将树冠全部锯掉，在锯口附近选留 2~4 个方向合适、生长健壮的枝条培养成主枝、中心干枝（图 7-29）；其二，对于主干高度适宜的开心形植株，可在每个主枝的基部锯掉；如果是主干形，可从第一层主枝的基部将树冠锯掉，使其在锯口附近发枝。

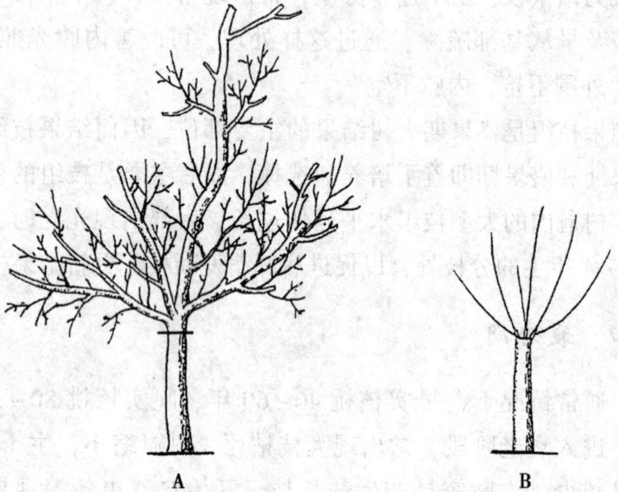

图 7-29　树冠更新

A. 更新前；B. 更新后

（二）主枝更新

主枝更新就是将主枝在基部进行回缩，使其形成新的主枝

（图 7-30）。具体做法是，选择健壮的主枝，保留 20~30cm 长的主枝，其余部分锯掉，使其在锯口附近发枝，发枝后每个主枝上选留 1 个健壮的枝条，培养成为新主枝，在新主枝上培养结果枝组。

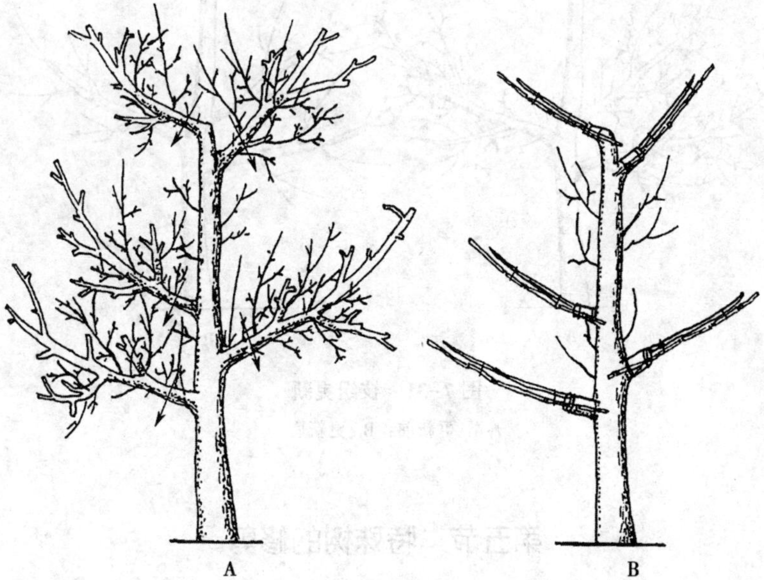

图 7-30　主枝更新

A. 更新前；B. 更新后

（三）枝组更新

对于主枝结构合理的大树更新时可保留原有主枝，仅将枝组留基部 5~20cm 进行回缩，待萌发更新枝后培养成新的枝组（图 7-31）。

衰老期树更新修剪时要特别注意伤口保护，认真涂刷愈合剂，促进伤口愈合，防止病害通过剪锯口传染蔓延。

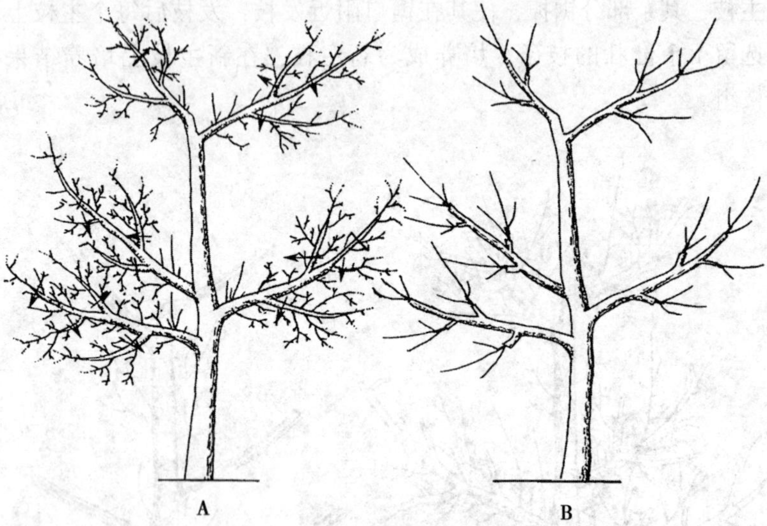

图 7-31　枝组更新

A. 更新前；B. 更新后

第五节　特殊树的修剪

核桃生产中树体结构异常的树比较多，包括放任不修剪的树和果实品质较差的树等，这些树经过多年的生长，树冠高大，有很强的增产潜力，是当前核桃产量的主力军，通过对这部分树加强管理，可以很快获得比较高的经济效益。

一、放任树的改造修剪

生产中核桃老树许多都是放任生长的，常常表现为大枝过多过粗，层次不清，枝条密挤紊乱，从属关系不明，抱头生长，树冠郁闭，通风透光不良，内膛枝细弱，干枯，结果部位外移，结果枝细弱，结果能力差，表面结果，产量低下等现象。对于品种优良的放任树可以进行树形改造，尽快增强结果能力，提高产量。

（一）放任树的表现

生产中的核桃放任树常表现为以下几个方面：

（1）大枝过多，主次不分，层次不清，从属关系不明，枝条紊乱。主枝多轮生、叠生、并生，第一层主枝常有 4 个以上，中心干及第二层以上主枝极度衰弱。

（2）主枝角度不开张，枝条伸展过高，第一层主枝的高度比第二层甚至第三层主枝还高，抱头生长。

（3）主枝延伸过长，先端密挤，基部秃裸，造成树冠郁闭，通风透光不良，主枝粗大，内膛枝细弱，逐渐干枯，导致内膛空虚，结果部位外移。

（4）小枝细，易枯死，结果枝细弱，结果能力降低，落果严重，坐果率一般只有 20%左右，果实品质差，大小年严重。

（5）衰老树外围焦梢，病虫害严重，树体衰老，从大枝的中下部萌生大量徒长枝，形成自然更新，产量很低。

（二）放任树的整形要点

核桃放任树树冠郁闭是常有的事情。要想解决光照问题，首先要疏除大枝，特别是重叠的、并生的严重影响光照的大枝。疏除大枝后，剩下的小枝可以先不修剪，留壮枝培养结果枝组。适合整成开心形的，按其整形要求选留 3~4 个水平分布均匀、有适当间距的主枝，一次性疏除中心干，改造为开心形。其余过密主枝，若为已挂果壮树，在兼顾结果的前提下进行逐年回缩、直到疏除。适合分层形的，按其树形要求选留各层主枝，疏除其余过密主枝，疏除内膛细弱枝，保留健壮枝，改造成中小型结果枝组。

放任树的改造大致可分三年完成，以后按常规修剪方法进行。第一年以疏除过多的大枝为主，从整体上解决树冠郁闭的问题，改善树体结构，复壮树势。占整个改造修剪量的40%~50%。第二年以调整外围枝和处理中型枝为主，这一年修剪量占20%~30%。第三年以结果枝组的整理复壮和培养内膛结果枝组为主，修剪量占20%~30%。修剪量应根据立地条件、树龄、树势、枝量多少而灵活掌握，不可千篇一律。各大、中、小枝的处理也必须全盘考虑，有机配合。

（三）放任树的改造

放任生长的树形多种多样，应本着“因树修剪、随枝作形”的原则，根据情况区别对待。中心干明显的树改造为主干疏层形，中心干很弱或无中心干的树改造为开心形。

（1）大枝的选留。核桃中心干上着生的大枝就是其主枝，大枝过多是一般放任生长树的主要矛盾，应该首先解决好。修剪时要对树体进行全面分析，通盘考虑，重点疏除密挤的重叠枝、并生枝、交叉枝和病虫为害枝。主干疏层形留5~7个主枝，开心形可选留3~4个主枝。为避免一次疏除大枝过多，可以对一部分交叉重叠的大枝先行回缩，分年处理。实践证明，40年生的大树，只要不是疏过多的大枝，一般不会影响树势。相反由于减少了养分消耗，改善了光照，树势得以较快复壮，去掉一些大枝，虽然当时显得空一些，但内膛枝组很快占满，实现立体结果。对于较旺的壮龄树，则应分年疏除，否则引起长势更旺。

按照主枝开张角度要求，对开张角度大的采取木杆支撑或用绳子上拉，缩小角度；角度小的，采用木杈由中心干往外撑或用绳子向下拉，扩大开张角度。偏冠但已经结果的大树，原则上整形修剪与结果兼顾，在设计好树形的基础上，对偏冠突出的部位进行逐年回缩，相对偏小的一面通过修剪培养，扩展冠幅，达到边结果、边矫正树冠的目的。主枝开张角度较小、生长健壮，且撑、拉困难的，回缩主枝，保留外侧枝培养主枝；主枝角度过大，但背上枝强壮的，回缩主枝，保留背上枝作延长枝，培养主枝。长势超过主枝的侧枝，造成主次不分，影响树形，导致枝条密集或早衰。修剪时选择发展空间较大的大枝作为主枝，其余大枝逐年回缩。

（2）中型枝的处理。在大枝疏除后，总体上大大改善了通风透光条件，为复壮树势充实内膛创造了条件，但在局部仍显得密挤，处理时要选留一定数量的侧枝，其余枝条采取疏间和回缩相结合的方法。中型枝处理原则是多疏除大枝，少疏除中型枝，要去掉的中型枝可一次疏除，有空间的可以改为小型枝组。

（3）外围枝的调整。对于冗长细弱、下垂枝，必须适度回缩，抬高角度，衰老树的外围枝大部分是中短果枝和雄花枝，应适当疏间和回缩，用粗壮的枝带头。

（4）结果枝组的调整。当树体营养、通风透光条件得到改善后，结果枝组有了复壮的机会，这时应对结果枝组进行调整，其原则是根据树体结构、空间大小、枝组类型（大、中、小型）和枝组的生长势来确定。对于枝组过多的树，要选留生长健壮的枝组，疏除衰弱的枝组，有空间的要让继续发展，空间小的可适当回缩。

利用内膛徒长枝进行改造，培养内膛结果枝组。据调查，改造修剪后的大树内膛结果率可达 34. 5%。培养结果枝组常用两种方法：一是先放后缩，即对中庸徒长枝第一年放，第二年缩剪，将枝组引向两侧；二是先截后放，对中庸徒长枝先短截，促进分枝，然后长放。第一年留 5 个芽重短截，第二年疏除直立旺长枝，用较弱枝当头缓放，促其成花结果。这种方法培养的枝组枝轴较多，结果能力强，寿命长。

二、劣质树高接换优

（一）高接换优的对象

核桃生产中品质较差，结果不好的实生幼树、初果期到盛果初期的树都可以进行高接换优。高接换优后嫁接的枝条生长量大，配合夏季修剪，树冠恢复很快，能够很快结果，很快丰产。对现有的核桃园缺乏授粉品种时也可以通过高接的方式配置授粉品种。树龄不同采取的高接换优方法不同，枝条粗度不同采用的嫁接方法也不同。

（二）高接换优的方法

核桃高接换优可采用枝接和芽接两种方法。枝接包括劈接、插皮舌接、插皮接等，芽接主要是方块形芽接，在芽接前要对大树进行回缩净干处理。

（1）劈接。核桃劈接北方地区多在 3 月下旬到 4 月下旬萌芽前后进行。结合树形改造对树冠进行回缩，削平锯口，用劈接刀在枝条中间劈开，深约 5cm。事先蜡封接穗，每个接穗留 1~3 个芽眼，在第一个芽相对的侧面各削一个 3~5cm 的斜面，两侧斜面等长，将接穗插入劈开的砧木中，使接穗的削面基部露出少许，呈半月形，注意要使砧木和接穗的形成层对齐（图 7-32）。砧、穗粗度一致时将两侧形成层都对齐，砧木较粗，接穗较细的使一侧形成层对齐，然后用塑料条将嫁接口绑扎严实。未蜡封接穗的需要用塑料袋将接穗整个套起来，减少水分散失。枝接的时间很关键，一般在展叶后伤流少，成活率高，嫁接时需要在树干基部砍几刀“放水”，减少嫁接部位的伤流。一般是用手锯在主干距地面 30cm 左右倾斜 30°垂直锯入木质部 2~3cm，粗干深，细干浅，一般有 3~4 道放水口就可以了。

嫁接时要注意捆好后接穗不能松动，即使用手摇也不易晃动为宜，初学嫁接的人常捆扎不严，因接穗松动而造成嫁接失败。接穗松动的主要原因：一是接穗削面的角度与砧木开口的角度不一致，二是接穗削面凹凸不平。接穗削面角度大，使先端夹不紧；接穗削面角度小，使后部夹不紧，接穗削面的角度要多多练习才能掌握。另外形成层没有对齐也是嫁接失败的原因之一。不

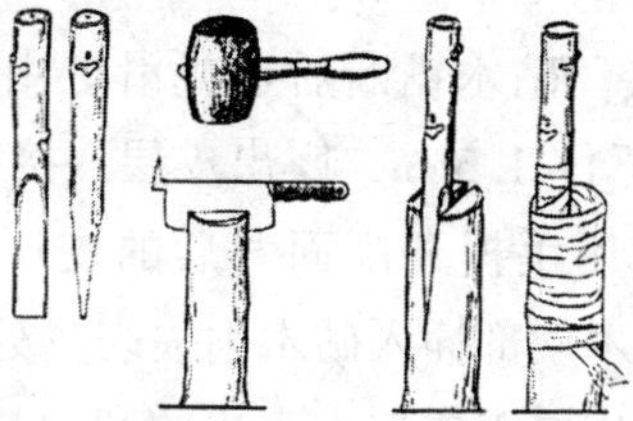

图 7-32　劈接

A. 削接穗；B. 劈开砧木；C. 插入接穗；D. 绑缚

嫁接的其他伤口要涂抹愈合剂加以保护，减少树体水分散失。

蜡封接穗时，将市售的工业石蜡放入一个敞口容器（铝锅、铁锅均可）中，用火加热将石蜡化开，在蜡液中插入一支温度计，不能让温度计直接与锅壁接触。蜡液熔化后，控制蜡液的温度为 100~130℃，将接穗放入蜡液中迅速蘸一下，甩掉表面多余的蜡液，使整个接穗表面粘被一层薄而均匀透明的蜡膜。少量的接穗可用镊子、夹子或筷子等夹住接穗一个一个地蘸，夹住的接穗保持水平状，整条接穗同时入蜡同时出蜡。大量接穗用金属丝制的笊篱，用笊篱时一次可处理 10~20 支接穗，不可太多，过多的接穗堆在一起会使堆内部蜡温过低。具体操作方法是：在笊篱中散列接穗，迅速淹入蜡液，瞬间即把笊篱移出，掂几下使部分蜡液掉回锅内，转手稍用力甩在铺有塑料布的地上，使接穗四处散落，而不堆在一处，以利散热，且接穗不会黏结在一起。注意蜡的温度不能过高或过低。温度过高容易将接穗烫死，这时可将容器撤离热源降温。温度过低，接穗上的蜡层过厚，容易龟裂脱落，需重新加热蜡液。另一种石蜡融化法是在容器中加入少量的水，利用水来间接加热，控制蜡液的温度不超过 100℃，这样可保护接穗不容易被烫伤，但由于温度较低，接穗容易附着水分，蜡封的效果不如直接用火加热。刚蜡封好的接穗不要堆在一起，要让其尽快冷却。

（2）插皮舌接。砧木锯断后选光滑处由下至上削去一条老皮，长5~7cm，宽1~1.5cm，露出皮层。接穗削成4~6cm的单削面，成马耳形，用手捏开削面背后的皮层，使之与木质部分离，将接穗削面的木质部插入砧木削去表皮处的木质部和皮层之间，用接穗捏开的皮层盖住砧木表皮的削面，最后用塑料条绑扎严实（图7-33）。接穗不离皮时很难捏开，进行插皮舌接的接穗要事先进行催醒处理，使之离皮。方法同种子的催芽，注意把握处理的时间、温度和湿度，催醒时间过长会使接穗萌发，导致嫁接成活率降低。插皮舌接方法稍微烦琐一点，但它是核桃枝接成活率最高的方法。

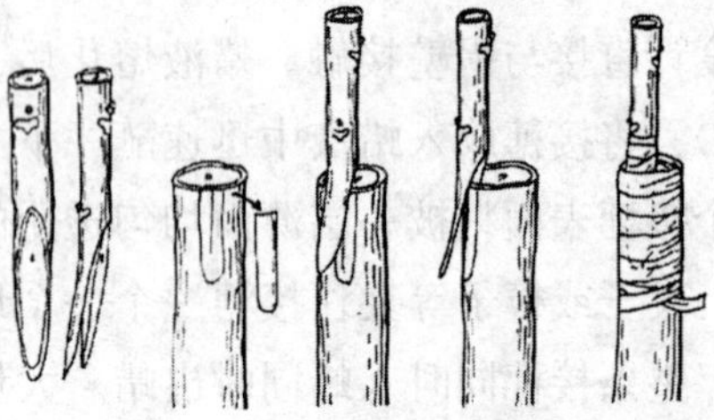

图7-33　插皮舌接

A. 削接穗；B. 削砧木；C、D. 插入接穗；E. 绑缚

（3）插皮接。插皮接又叫皮下接，适用于较粗的砧木，必须在砧木“离皮”以后进行。先将砧木锯断，削平锯口，在砧木光滑部位，由上向下垂直划一刀，深达木质部，长度与接穗削面等长，同时用刀将皮层向两边挑开。接穗削面成一个马耳形，长4~6cm，然后在削面的背面先端轻轻削一个小斜面，长0.5cm，也可左右削两刀，呈两个小斜面，便于往下插接穗（图7-34）。还

可以将削面的背面蜡层、皮层轻轻用刀刮去，露出白绿相间的韧皮部，这样可以加大接触面，有利水分和营养运输，促进愈伤组织的形成。接穗削好后插入砧木的小口中，只留下接穗削口基部0.5cm左右，露白，呈半月形。最后用塑料布包扎严实。插皮接时砧、穗接触面大，嫁接成活率高，生产上应用较多，但嫁接成活后砧、穗结合部的机械承受能力较差，接穗萌发后易被风吹折，需要及时进行支护。

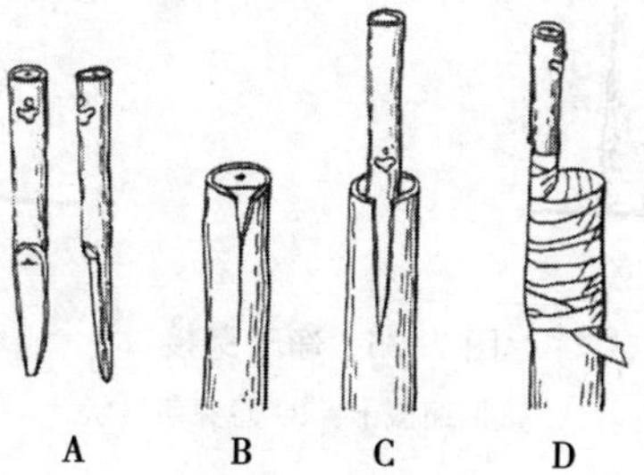

图7-34　插皮接

A. 削接穗；B. 削砧木；C. 插入接穗；D. 绑缚

（4）芽接。核桃树高接时用芽接的方法时要配合重回缩截干，待隐芽萌发后选留位置合适的新梢，其余的抹除，5月底至6月初在新梢上用方块芽接的方法进行嫁接，这种方法称为“净干芽接”(图7-35)。

方块芽接法嫁接成活率高，是1998年以后应用最多的核桃嫁接方法。具体操作方法如下：用当年的新梢做接穗，剪取接穗的同时将叶片剪掉，取接芽时用刀先将叶柄留0.5cm左右削去，在接芽上下各1cm处平行横切一刀，在接芽叶柄两侧0.5cm处各竖切一刀，与横切刀口相交呈“井”字形，用拇指和食指按住叶柄处横向剥离，取下一个长方形的芽片，注意要带上生长点——芽片内面芽基下凹处的一小块芽肉组织。在砧木下部粗细合适的光滑部位横切一刀，在刀口之上平行横切一刀，两刀间距离与接

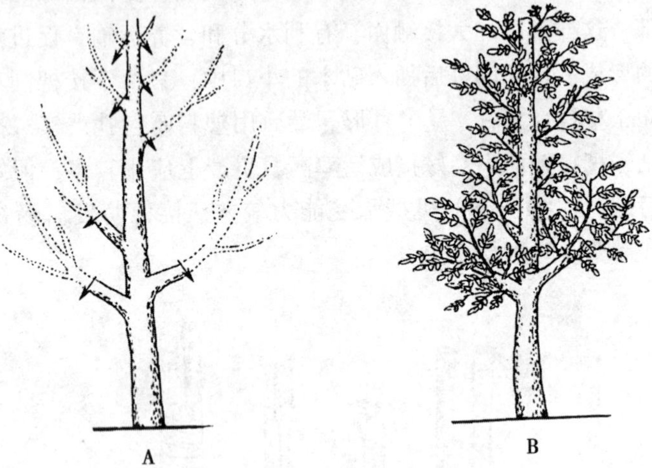

图 7-35　净干芽接

A. 重回缩截干；B. 隐芽萌发状

芽长度相当，在其一侧竖切一刀，与上、下横刀口相连通，挑开皮层开个“门”，放入接芽，一面紧靠竖刀口，依据接芽的横向宽度撕去砧木挑起的皮，注意去掉的皮要比接穗芽片稍微宽 1~2mm，以利接芽和砧木形成层紧密结合。用地膜剪成 3cm 宽的塑料条进行绑缚，注意将叶柄的断面包裹严实，露出芽点（图 7-36）。最后用修枝剪将嫁接口以上的砧木留 2 片复叶剪去，控制砧木的营养生长，有利接芽成活、萌发。

方块芽接时砧木的另一种切法是开“工”字形口，称为“工”字形芽接。接穗切法与方块形芽接相同，砧木先横切两刀，在两横切刀口的中间竖切一刀，将砧木的皮层向两边挑开，放入接芽，闭合皮层，用塑料条绑缚。“工”字形芽接不去掉多余的皮层，也称开门接。

有些地方习惯用双刃刀进行方块芽接，操作方便，成活率高。可自行制作双刃芽接刀，取 2 段各长 10cm 左右的钢锯条用

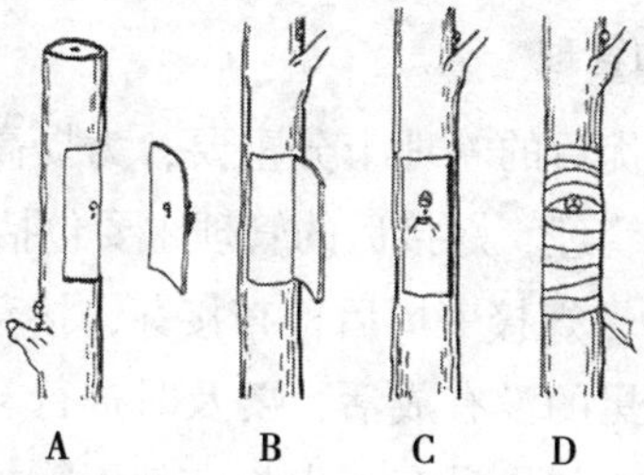

图 7-36　方块形芽接

A. 取接芽；B. 砧木开口；C. 放入接穗；D. 绑缚

砂轮磨出刀刃，刃长 4cm，找一宽 4cm，厚约 1cm，长 10cm 的小木条，用布条将锯条做成的刀绑缚在木条两侧即成，两刀刃相距 4cm（图 7-37）。嫁接操作与单刃刀一样，只是横切两刀变成一次完成，且容易使砧木的切口与接穗芽片等长，可提高嫁接速度，提高成活率。

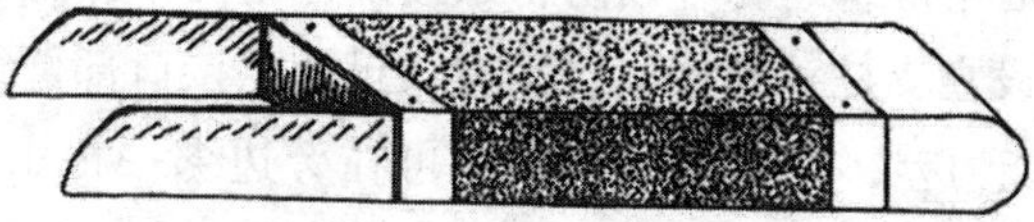

图 7-37　双刃芽接刀

日本有一种嫁接胶带，具有很强的延展性和黏着性，可拉长 6 倍，并可自动缩紧黏着，不需要打结捆绑。此嫁接胶带适用于各种嫁接方法，芽接时缠绕 2 圈，枝接时缠绕 5 圈即可，可提高嫁接速度。胶带缠后 5 个月可自行风化解体，可省去解绑的工序。国内也生产嫁接胶带，但质量较差。

高接换优时要注意，劣质树是指成花、结实少，且果实品质差的树，这样的树需要改接更换优良品种，衰老期的树不宜高接换优。换优时应在春季萌芽后截去大枝，并去除大枝上的所有分枝，在当年萌发的新枝上芽接效果好，从萌发的新枝中，结合树形改造，选好主枝，更换良种。

（三）嫁接后的管理

核桃树高接换优后的管理十分重要，为提高存活率，尽快恢复树冠，必须加强管理，嫁接后的管理主要包括以下内容。

（1）检查成活。嫁接一周后检查接芽，接芽新鲜饱满的说明嫁接成活。接芽变黑的没有成活，要及时进行补接。嫁接时注意保护好芽的生长点，如果没有了生长点就不能抽生枝条，可出现芽片成活而无法萌芽的情况。

（2）剪砧。嫁接后7~10天，确认接芽成活后要把接芽以上留的2片复叶剪掉，在接芽以上1.5~2cm处剪截，促进接芽的萌发生长。

（3）除萌。嫁接后原来的枝干上会萌发许多嫩梢，应及时抹除3~5次，以集中养分供应接芽生长。

（4）解除绑缚物。嫁接成活后接穗生长迅速，可在新梢长到10~20cm时解除绑缚物，以防将嫁接部位勒伤，影响增粗。

（5）设立支柱。高接后接芽生长迅速，接口部位结合还不牢固，支撑能力差，容易被风刮折，可在旁边绑一根1.5m长的竹竿或木棍，先用细绳将竹竿与原来的粗枝绑在一起，需绑2道固定，相距20cm左右，使支棍不能随便晃动，同时要注意使支棍的角度开张，再将新梢顺着竹竿松松地绑一下，起到固定作用，同时还能开张枝条角度，注意不要把接穗枝条绑得太紧，防止接穗枝条增粗时缢伤。新梢每延长30cm左右即再绑一道，可绑3~5道。

（6）摘心。按照树形培养要求，一般在接穗长到50~60cm（小冠树形），或者80~100cm（大冠树形）时摘心，促进分枝。9月中旬对没有停长的新梢进行摘心，促进枝条充实。

（7）病虫害防治高接换优的树枝叶幼嫩，容易遭受病虫害，在管理过程中要注意观察，及时发现，及早防治。

（8）调整树形。嫁接成活后要根据树体情况及时进行整形修剪，维持合理的树体结构，争取早结果，多结果。

三、核桃采穗母树的修剪

核桃采穗母树不以结果为目的，主要是为生产提供优质充足的接穗。采穗母树的树形可选择小冠疏层形、开心形等，一般不拉枝，维持枝条自然开张角度即可，冬季修剪以重短截为主，促进多发壮条，枝条基部粗度在1.5cm以上的强旺枝留2~3个瘪芽重短截，基部粗度0.6~1.5cm的旺枝留1~2个瘪芽重短截。细弱的母枝缓放不剪或适当疏除。春季萌芽后将雌花、幼果疏除，以集中营养促进枝条生长，提高接穗质量，达到多采接穗的目的。5月下旬至6月上旬当枝条半木质化时可采集第一茬接穗，采穗量占全树枝量的70%。6月下旬至7月上旬可采第二茬接穗，采穗量占全树枝量的30%。所采接穗枝条以直径1.5cm左右为主，过粗过细均不适宜作接穗。接穗采完后要施肥、浇水，使新长出的枝条充实，能安全越冬。

第八章　主要病虫害防治

由于核桃产区生态条件和管理水平不同，病虫害的种类、分布及危害程度有很大差异。在防治方法上，以前多使用毒性大、残效期长的化学农药，产生许多不良后果。近年国家要求各地在保证产地环境安全的前提下，强调产品食用安全，必须遵循以下防治原则和防治途径。

第一节　防治原则

一、预防为主

从生物与环境的总体出发，本着预防为主的指导思想和安全、经济、有效、简易的原则，以农业综合防治为基础，合理运用物理、生物技术及化学药剂防治等措施，同时要保护有益生物，合理选择防治方法，保证人畜安全，避免或减少对环境的污染。

二、主次兼治

抓住当地主要病害或害虫种类，集中力量解决对生产危害最大的病虫害问题。密切注意次要病虫害的发展动态和变化，有计划、有步骤地防治较为次要的病虫。新建核桃园应避免苗木传带的危险性病虫；幼龄园病虫害的防治重点是为害叶片和枝干的害虫；成龄园防治重点是危害果实和枝干的病虫害。各地应根据调查和预测结果制定当地病虫害防治对象和措施。

三、点面结合

核桃病虫害防治主要是防控群体发生、传播与危害。单株发生是群体发生的开端。所以，在全面防治之前，必须重视少数植株的病虫害发生和防治，是预防病虫害由点到面扩大流行的有效措施。

四、合理防治

以最少的人力、物力、财力发挥最大效果地控制病虫危害是搞好果树病虫害综合治理的基本要求。要做到这一点关键在于掌握病虫的发生规律和发生特点。合理防治的指标是：除少数特别危险性或检疫性病虫害要立足于彻底控制外，对绝大多数病虫害不必要求完全不发生。如对叶部病虫害，要求大部分叶片不早期脱落即可。果实病虫害能控制到病虫果率不超过5%即可。

五、合理用药

农药虽然是保证果树健康生长发育的主要措施之一，但使用不当则污染环境，增加防治成本，造成农药残留。还会使生态平衡受到严重破坏，诱发许多病虫严重发生，进而导致农药用量进一步增加，形成恶性循环。所以，首先应该选用高效、低毒、低残留的专化性药剂，逐渐淘汰高毒、高残留的广谱性药剂。防治中要求对症下药，重视推广非农药防治措施，减少对农药的依赖性。

六、农药使用标准和要求

生产优质安全果品的果园，应禁止使用剧毒、高毒、高残留和致畸、致癌、致突变的农药。尽量采用低毒高效、低残留农药，降低残留与污染，保证防治效果，控制病虫危害。此外，要求耐雨水冲刷，减少用药次数。选用混配农药时，既要注意发挥不同类型药剂的作用，又要避免产生负面作用。在使用化学方法防治病虫害时应注意：①禁用高毒、高残留、高致病农药，有节制地使用中毒低残留农药，优先采用低毒低残留或无污染农药。②严格执行安全用药标准，选择作用机理不同的农药交替使用，提高防治效果。③依据病虫测报科学用药。

第二节　综合防治

核桃病虫害的种类较多，防治措施多种多样，仅仅依靠农药防治往往事倍功半，还会对环境及果品造成污染。应从生态学的整体观念出发，采用检疫防治、农业防治、人工防治、物理防治、生物防治及化学防治等综合措施，把病虫控制在经济受害水平之下。

一、检疫防治

从外地引进或调出的核桃苗木、种子或接穗时，必须进行严格的检疫检验，防止危险病虫害的传入扩散。

二、农业防治

农业防治是在认识病虫、果树和环境条件三者之间的相互关系的基础上，采用农业栽培措施，创造有利于果树生长发育的环境条件，提高果树的抗病虫能力。同时，创造不利于病虫害繁殖和传播的环境条件，直接消灭病虫害，控制病虫害发生的程度，从而取得化学农药防治所不及的效果。如利用抗病品种，培育无病虫苗木，科学修剪，调整结果量，实行合理的耕作制度与肥水管理等。

三、物理防治

利用简单工具和各种物理因素，如光、热、电、温度、湿度和放射能、声波等防治病虫害的措施称为物理防治。我国古老而又年轻的一类防治手段如徒手捕杀或清除、园内安装黑光灯或在果园堆火，诱杀害虫的成虫；用糖醋液和性外激素诱杀等方法诱杀消灭害虫等。河北省邢台市绿蕾农林科技有限公司 2010 年采用频振式杀虫灯诱杀金龟子、天牛、蝇类、椿象、吸果夜蛾、潜叶蛾、小绿叶蝉、黑刺粉虱等 50 多种果树害虫，效果良好，适合于集中连片核桃园。具有操作方便、成本低、维护生态平衡、杀虫范围广、节约农药投入、减轻劳动强度、减少环境污染、保护天敌、对人畜安全等优点。

四、生物防治

生物防治是利用有益生物或其他生物抑制或消灭有害生物的一种防治方法。它的最大优点是不污染环境，是农药等非生物防治病虫害方法所不能比的，对无公害果品生产有重要的意义。

五、化学防治

利用化学农药杀死病菌和害虫的方法叫化学防治。化学防治见效快、效率高、受区域限制较小。对大面积、突发性病虫害可于短期迅速控制。但长期施用一种农药易造成病虫抗药性增加，农药残留物污染环境。但防治方法简单、效果快、便于机械化作业，仍是我国果树病虫害最有效的防控手段。但应对症下药，适时用药和保证喷药质量，以及交替用药，防止病虫产生抗药性。

第三节　主要病害防治

核桃病害种类较多，本节只将主要病害的特征和防治方法做简要介绍，详细内容可参考相关专业书籍和资料。

一、核桃炭疽病

【症状】主要危害果实、叶片、芽和嫩梢。果实受害后引起早期落果或核仁干瘪，影响产量与质量。受害果实果面上病斑初为褐色，后为黑褐色，近圆形，中央下陷，病部有黑色小点，有时呈同心轮纹状排列。病果表面病斑扩大连片，全果变黑腐烂或早落，失去食用价值（图 8-1）。严重时全叶枯黄脱落。

图 8-1　核桃炭疽病

【防治方法】①选用抗病品种。②加强栽培管理，增强树势，提高抗病能力。③调整株行距，改善行间和冠内通风透光条件。④剪除病枝、病果、落叶，集中烧毁。⑤春季发芽前喷 3~5 波美度石硫合剂。生长期用 40%退菌特可湿性粉剂 800 倍液和 1∶2∶200 波尔多液交替使用，或选喷 50%多菌灵可湿性粉剂 1 000倍液、75%百菌清 600 倍液、50%或 70%甲基托布津 800~1 000 倍液。

二、核桃细菌性黑斑病

又称核桃黑斑病、核桃黑、黑腐病。主要危害果实、叶片、嫩梢和芽，可使果实变黑、腐烂、早落，核仁干瘪，出仁率降低。

【症状】果实感病后果面上出现黑褐色小斑点，后扩大为圆形或不规则形黑色病斑，无明显边缘，外围有水渍状晕圈。病斑中央下陷龟裂并变为灰白色。遇雨天病斑迅速扩大，向果核发展，使核壳变黑。严重时全果变黑腐烂落果。叶面病斑多呈水渍状近圆形，严重时连片扩大，叶片皱缩、枯焦，病部中央灰白色，形成穿孔状早落（图 8-2）。

图 8-2　核桃细菌性黑斑病

【防治方法】①保持健壮树势，增强抗病能力。②选用抗病品种。③减少害虫造成伤口，避免损伤枝条，减少感染。④清除病虫枝与病果集中烧毁。⑤发芽前喷 3~5 波美度石硫合剂，展叶后喷 1∶2∶200 波尔多液 1~3 次。雌花开花前、开花后及幼果期各喷一次 50%甲基托布津或退菌特可湿性粉剂 500~800 倍液，或每半月喷一次 50μg/g 链霉素加 2%硫酸铜。

三、核桃腐烂病

又称黑水病。主要危害枝干树皮，导致枝条或全株枯死。

【症状】主干及主枝感病初期，病斑在韧皮部腐烂而外部无明显症状。病斑连片扩大后，皮层向外溢出黑色黏液（图 8-3）。二至三年生枝感病后，皮层与木质部剥离、失水，皮下密生黑色小点，呈枯枝状。幼树主干和主枝感病后，初期病斑呈梭形、暗灰色、水渍状、微肿，用手指按压可流出带酒糟味的液体。后期病斑纵向开裂，并流出大量黑水。病斑绕枝干一周时，主枝或主干枯死。

图 8-3　核桃腐烂病

【防治方法】①增施有机肥，提高树体营养水平，增强抗病能力。②及时彻底刮除病斑，刮除范围超出坏死组织 1cm 左右。刮后选用下列药剂涂抹刮口：50%甲基托布津可湿性粉剂 50 倍液，50%退菌特可湿性粉剂 50 倍液，5～10 波美度石硫合剂。然后涂刷波尔多液保护伤口。③冬季和夏季树干涂白，防止冻害和日灼。④为防止伤口感染，用 50%甲基托布津或 10%苯并咪唑、65%代森锰锌等 50～100 倍液涂刷保护树干。用 200～300 倍液涂抹嫁接伤口，用 100～500 倍液涂抹修剪伤口。

四、核桃枝枯病

主要危害核桃枝干，造成枝条枯死，树冠缩小，严重影响树势和产量。

【症状】多在一二年生枝或侧枝上发病，从顶端枝条向下蔓延到主干。受害枝的叶片变黄脱落。初期病部皮层失绿呈灰褐色，后变红褐色或灰色，出现枯枝以致全株死亡。

【防治方法】①加强栽培管理，保持健壮树势，提高抗病能力。②清除病枝、枯死枝及枯死树，并集中烧毁，减少初次侵染源，做好冬季防冻工作。③减少衰弱枝和各种伤口，防止病菌侵入。④枝干发病应及时刮治病斑，并涂以3~5波美度石硫合剂，再涂抹煤焦油保护。⑤6—8月选用70%中基托布津可湿性粉剂800~1 000倍液或代森锰锌可湿性粉剂400~500倍液喷雾防治，每隔10天喷1次，连喷3~4次可收到防治效果。及时防治云斑天牛、核桃小吉丁虫等蛀干害虫，防止病菌由蛀孔侵入。

五、核桃褐斑病

主要危害叶片、嫩梢和果实，引起早期落叶、枯梢和烂果。

【症状】叶片感病先出现小褐斑，后扩大呈近圆形或不规则形，中间灰褐色，边缘不明显，呈暗黄绿色至紫色。病斑上有略呈同心轮纹状排列的黑褐色小点。病斑连片后造成早期落叶。果实上的病斑较小，凹陷，扩展或连片后果实变黑腐烂。

【防治方法】①清除病枝、病叶、病果，集中烧毁或深埋，减少病源。②开花期前后各喷1：2：200波尔多液或50%甲基托布津可湿性粉剂800倍液，或用70%甲基托布津可湿性粉剂1 000~1 200倍液、75%多菌灵可湿性粉剂1 200倍液、65%甲霜灵可湿性粉剂1 500~2 000倍液、80%代森锰锌可湿性粉剂1 000~1 200倍液、50%扑海因可湿性粉剂1 000~1 500倍液。

六、核桃溃疡病

主要危害幼树主干、枝条及果实。感病枝干长势衰弱、枯枝甚至全株死亡；果实感病后提早落果。

【症状】该病多发生在树干和主侧枝基部，初为褐黑色近圆形病斑，后扩展成梭形或长条形病斑。病斑初期呈水渍状或形成明显水泡，破裂后流出褐色黏液，遇空气变为黑褐色（图 8-4）。后期病斑干缩下陷，中央开裂，散生众多小黑点，即病菌分生孢子器。当病斑绕枝干一周时，枝梢干枯或全株死亡。果实病斑初期近圆形，褐色至暗褐色。果实早落、干缩或变黑腐烂。

图 8-4　核桃溃疡病

该病发生与植株长势和昆虫危害有关。管理粗放、树势衰弱或土壤干旱贫瘠及伤口多的植株易感病。不同品种和类型感病程度不尽相同。

【防治方法】①选用抗病品种，加强栽培管理，增施有机肥，保持健壮树势，增强抗病能力。②树干涂白，防止冻害与日灼。涂白剂用料和配比为：生石灰 5kg，食盐 2kg，油 0.1kg，豆面 0.1kg，水 20kg。③冬春刮除病斑深到木质部，涂抹 3 波美度石硫合剂或 1%硫酸铜液或 10%碱水。

七、核桃白粉病

主要危害叶、幼芽、果实、嫩枝，造成早期落叶和苗木死亡。

【症状】7—8 月发病，初期叶面产生褪绿或黄色斑块，严重时叶片变形扭曲皱缩，并在叶片正反面出现白色、圆形粉层。后期粉层中产生褐色至黑色小粒点，粉层消失只见黑色小粒点。苗木受害后植株矮小，顶端枯死甚至全株死亡。受害幼果皮层褪绿、畸形，形成白色粉状物，严重时导致裂果。

【防治方法】①加强肥水管理，增强抗病力。②结合冬剪，及时清除病原残体。③及时摘、剪被害梢叶，减少初次侵染源。④发病初期喷洒 0.2~0.3 波美度石硫合剂；生长季用 50%甲基托布津可湿性粉剂 1 000倍液或 15%粉锈宁可湿性粉剂 1 500倍液喷洒。

八、核桃苗木菌核性根腐病

又叫白绢病。多危害苗圃一年生幼苗，造成主根及侧根皮层腐烂，地上部枯死。

【症状】通常发生在苗木的根颈部或茎基部。在高温、潮湿条件下苗木根颈基部和周围土壤及落叶表面先出现白色绢丝状菌丝体，菌丝逐渐向下延伸至根系。苗木根颈染病后皮层变成褐色坏死，严重时皮层腐烂。受害苗木影响水分和养分的吸收，叶片变小变黄，枝条节间缩短，病斑环茎一周会导致全株枯死。

【防治方法】①避免病圃连种核桃；选排水好、地下水位低的地方建圃；多雨区采用高床育苗。②每年晾土或换土 1 次。③播种前用种子重量 0.3%的退菌特或种子重量 0.1%的粉锈宁拌种，或用 80%的 402 抗菌剂乳油 2 000倍液浸种 5h。④用 1%硫酸铜或甲基托布津可湿性粉剂 500~ 1 000倍液浇灌病苗根部，再用消石灰撒在苗颈基部及根际土壤，也可用代森铵水剂、可湿性粉剂 1 000倍液浇灌土壤，对该病害有一定的抑制作用。⑤及时挖除、集中烧毁病株。

第四节　主要虫害防治

一、核桃举肢蛾

又称核桃黑。华北、西北、西南、中南等核桃产区均有发生，太行山、燕山、秦巴山及伏牛山核桃产区发生普遍，是影响核桃产量与质量的主要害虫。

【形态特征】初孵幼虫时体黄白色，头黄褐色，体长 1.5mm。老熟幼虫体长 7~13mm，肉红色，头棕黄色。蛹纺锤形，初为黄色，近羽化时为深褐色。茧长椭圆形略扁平，褐色，长 7~10mm。成虫体黑褐色，有金属光泽，复眼红色（图 8-5）。

图 8-5　核桃举肢蛾及危害状

【防治方法】①土壤结冻前清除树下枯枝落叶与杂草；刮除树干基部翘皮集中烧毁；翻耕土壤树盘，消灭越冬幼虫。②结合耕翻土壤在树冠下地面上撒施 5%辛硫磷粉剂。③成虫羽化前树盘覆土 2~4cm，阻止成虫出土，或每株树冠下撒 25%西维因粉 0.1~0.2kg 杀死成虫。④7 月上旬幼虫脱果前拣拾落果和摘除被害果深埋，杀灭幼虫。⑤自成虫产卵期开始，每隔 15 天树上喷洒 25%西维因 600 倍液或敌杀死 5 000倍液、40%乐果乳油 800~1 000倍液，连喷 3~4 次。⑥6 月每亩释放松毛虫、赤眼蜂等天敌

30 万头，控制危害程度。⑦郁闭的核桃园，在成虫发生期使用烟剂熏杀成虫。

二、木橑尺蠖

又称木撩步曲、吊死鬼、小大头虫。大发生时可将树叶吃光，严重影响树势与产量。

【形态特征】卵扁圆形，绿色。幼虫有 6 个龄期，体色随发育渐变为草绿色、绿色、浅褐绿色或棕黑色，头部额面有一深棕色“Λ”形凹纹。成虫翅面有灰色和橙色斑点，前翅基部有一近圆形黄棕色斑纹，前后翅的中央各有 1 个浅灰色斑点。

【防治方法】①落叶后至结冻前和早春解冻后至羽化前，结合整地人工挖蛹。②5—8 月成虫羽化期，晚上烧堆火或设黑光灯诱杀。③各代幼虫孵化盛期喷 90%敌百虫 800～1 000倍液或 50%辛硫磷乳油 1 200倍液、50%马拉硫磷乳油 800 倍液。④7—8 月释放赤眼蜂可对虫害起到控制作用。

三、核桃云斑天牛

又称核桃大天牛、铁炮虫。主要危害核桃枝干，受害株树势减弱或全株死亡，属毁灭性害虫。也可危害其他果树和林木。

【形态特征】卵长椭圆形，淡土黄色，弯曲略扁。幼虫黄白色，头扁平，前胸背面有橙黄色半月牙形斑块。成虫黑褐或灰褐色。触角鞭状。前胸背板有 1 对肾形白斑，两侧各具 1 大刺突。鞘翅上有 2～3 行排列不规则的似云片状白斑（图 8-6）。

【防治方法】①晚上用黑光灯引诱捕杀成虫，白天震动枝干成虫受惊假死落地捕杀。②产卵期在树干、主枝等处发现产卵刻槽，用硬器砸死卵和初孵幼虫。③清除枝干上排泄孔外的虫粪、木屑，然后注射药液、堵塞药泥或药棉球，用泥封口，毒杀幼虫。常用药剂有80%敌敌畏乳剂100倍液或50%辛硫磷乳剂200倍液等。④冬季或5—6月成虫产卵后，用石灰5kg、硫黄0.5kg、食盐0.25kg、水20kg充分拌合制成涂剂，涂刷树干基部，可防止成虫产卵和杀死幼虫。

图8-6　核桃云斑天牛及危害状

四、核桃瘤蛾

又称核桃毛虫。是食害核桃树叶的一种突发性暴食害虫。严重时可将树叶吃光，造成二次发芽，使树势极度减弱，大量枝条枯死。

【形态特征】卵扁圆形，初产为乳白色，后变为黄褐色。幼虫体色灰褐，体毛明显。老熟幼虫体形短粗而扁，头暗褐色。成虫前翅前缘基部及中部有两块明显的黑斑。

【防治方法】①利用幼虫白天在树皮缝隐蔽及老熟幼虫下树作茧化蛹的习性，在树干上绑草诱杀。②6月上旬至7月上旬成虫大量出现期间用黑光灯诱杀。③秋冬刮树皮、刨树盘及土壤深翻，消灭越冬蛹茧。④6—7月幼虫发生期，喷施95%的敌百虫1 000～2 000倍液或50%敌百虫800～1 000倍液等。⑤保护利用自然天敌，释放赤眼蜂。

五、草履蚧

又称草鞋蚧、草鞋介壳虫。若虫和雌成虫用刺吸口器插入嫩枝皮和嫩芽内吸食汁液，影响发芽和树势，导致枝芽干枯死亡。

【形态特征】卵椭圆形，初产黄白色，渐成赤褐色。若虫体小色深。雄蛹圆锥形，淡红紫色，外被白色蜡状物。雌成虫无翅，体长10mm，扁平椭圆，背面隆起似草鞋，黄褐至红褐色，被白蜡粉。雄成虫紫红色，头胸黑色，腹部深紫红色（图8–7）。

图8–7　草履蚧

【防治方法】①冬前结合刨树盘，挖除根颈附近土中越冬虫卵。②早春若虫上树前，树干基部涂6～10mm宽黏胶环，粘住并杀死上树若虫。黏虫胶可用同等份的废机油与棉油泥或沥青，加热熔化搅匀后使用。③早春若虫上树前，用6%的柴油乳剂喷洒近根颈表土。④核桃发芽前喷3～5波美度石硫合剂，发芽后喷40%乐果800倍液。⑤保护红缘瓢虫、大红瓢虫等天敌。

六、核桃横沟象

又称核桃黄斑象甲、核桃根象甲。在河南西部，陕西商洛，四川绵阳、平武、达县、西昌，甘肃陇西，云南漾濞等地均有发生。主要以幼虫在根颈部韧皮层中串食，并常与芳香木蠹蛾混合发生和危害。受害株养分、水分吸收输导受阻，轻者树势减弱，产量下降，重者全株枯死。

【形态特征】卵椭圆形，初产乳白色，逐渐变为黄色至黄褐色。幼虫黄白色，肥壮，向腹面弯曲，头部棕褐色，口器黑褐色。蛹为裸蛹，黄白色。成虫全体黑色，头管约占体长的1/3，触角着生在头管前端。前胸背板密布不规则点刻。

【防治方法】①砍破根颈部皮层后用敌敌畏5倍液重喷根颈部，然后封土，杀虫效果显著。②5—6月成虫产卵前，将根颈部土刨开，用浓石灰浆涂封根际，防止成虫产卵。辛硫磷颗粒剂拌土撒于根颈。③5—8月成虫发生期和越冬前，于根颈部捕捉成虫，5—8月成虫发生期，树上喷10%吡虫啉3 000~4 000倍液或1.8%阿维菌素2 000~3 000倍液，可兼治举肢蛾。④大片核桃园于成虫发生期每亩用1~1.5kg七四一插管烟雾剂，流动放烟，熏杀成虫。⑤注意保护伯劳鸟、寄生蝇及白僵菌等天敌、寄生虫、寄生真菌。

七、芳香木蠹蛾

又称杨木蠹蛾，俗称红虫子。幼虫群集危害树干根颈部的皮层，老熟幼虫可环状蛀食木质部，严重破坏树干基部及根系的输导组织。受害轻者树势衰弱，产量下降，重者整枝或全株枯死。

【形态特征】卵椭圆形或近卵圆形，初产为白色，孵化前暗褐色。老熟幼虫体粗扁平，头紫黑色，体背紫红色。大龄幼虫体背紫红色，侧面黄红色，头部黑色。前胸背板淡黄色，有两块黑斑，体粗壮。蛹暗褐色，长30~40mm。成虫体翅灰褐色，前翅上遍布不规则黑褐色横纹。

【防治方法】①伐除虫源树和锯掉有虫枝，集中烧毁。②6—7月黑光灯诱杀。③敲击树干根颈部，有空响声，即可撬开树皮捕杀幼虫。④结合刨树盘和土壤深翻，挖杀虫茧。⑤6—7月产卵期，根颈部喷40%乐果乳油1 500倍液，或用2.5%溴氰菊酯，杀死初孵化幼虫。⑥幼虫危害期用40%乐果20~50倍液注、喷入虫道内，并用湿泥封严，毒杀幼虫。⑦注意保护和利用啄木鸟等天敌。

八、桃蛀螟

又称桃蠹螟、桃实心虫、核桃钻心虫。危害多种果树和农作物，幼虫蛀食核桃果实和种仁，严重影响核桃产量与质量。

【形态特征】卵椭圆形稍扁平，初产乳白色后变为桃红色。老熟幼虫，头部暗黑色，胸腹部颜色多变化，头及前胸背面为深褐色。成虫全身橙黄色，散生黑色小斑。

【防治方法】①冬季刮树皮或树干涂白。烧毁残枝落叶，清除越冬寄主，消灭越冬幼虫。②5—8月设置黑光灯或用糖醋液诱杀成虫。③采摘和拣拾虫果集中深埋，消灭果内幼虫。④5—6月成虫产卵和第一代幼虫初孵期，分别喷40%乐果乳油1 500倍液等。

九、核桃果象甲

以成虫危害果实为主，有时也食害幼芽和嫩枝。严重时果皮干枯变黑，果仁发育不全。成虫产卵于果中，造成大量落果，甚至绝收。

【形态特征】卵椭圆形，初产为乳白色或浅黄色，半透明，后变黄褐色至褐色。幼虫体弯曲，头棕色，体肥胖，老熟时黄褐色。蛹初乳白色，后变为土黄色。成虫体长9.5~11mm，宽4.4~4.8mm。鞘翅被较密鳞片，基部具有11条凹沟。

【防治措施】①拣拾落果和摘除虫果，集中焚毁或入坑沤肥，消灭幼虫和羽化未出果的成虫。②成虫盛发期，利用成虫假死性振落成虫，同时树下喷杀虫粉剂，杀死被振落的成虫。③越冬成虫出现到幼虫孵化阶段，喷洒每毫升含孢子量2亿个的白僵菌液或50%辛硫磷乳剂1 000倍液，阻止幼虫孵化。④在成虫盛发期，喷施2.5%溴氰菊酯乳油8 000倍液或2.5%功夫（PP321）8 000倍液。

十、核桃小吉丁虫

幼虫在二三年生枝条皮层中呈螺旋形串食危害，被害处膨大隆起，破坏输导组织，致使枝梢干枯，树势衰弱，严重者全株枯死。

【形态特征】卵扁椭圆形，初产白色，1天后变为黑色。幼虫扁平乳白色。头棕褐色，缩于第一胸节内。胸部第一节扁平宽大，背中央有1褐色纵线，腹末节有1对褐色尾刺。蛹为裸蛹，乳白色。成虫黑色，有铜绿色金属光泽。

【防治方法】①加强综合管理，增强树势，是防治核桃小吉丁虫的有效措施。②剪除虫害枝烧毁，消灭幼虫及蛹。③发现枝条上有月牙状通气孔，可涂抹5~10倍乐果消灭幼虫。④6—7月成虫羽化期，喷敌杀死5 000倍液，兼有防治举肢蛾等害虫的作用。⑤释放寄生蜂降低越冬虫口数量。

十一、黄须球小蠹

又称核桃小蠹虫。成虫食害新梢上的芽，受害严重时整枝或整株芽被蛀食，造成枝条枯死。该虫常与核桃小吉丁虫混合发生，严重影响生长发育，造成减产甚至绝收。

【形态特征】卵近椭圆形，初产白色，后变黄褐色。幼虫椭圆形乳白色，背面弓曲，头小，口器棕褐色，尾部排泄孔附近有3个品字形突起。蛹为裸蛹，圆球形，初乳白色，羽化前黄褐色。初羽化成虫黄褐色，后变黑褐色。鞘翅有点刻组成的纵沟8~10条。

【防治方法】①选用抗虫品种增强树势。②采果后到落叶前剪除虫枝集中烧毁；4—6 月核桃发芽后至羽化前，剪除病虫枝及受冻枝条烧毁，可基本控制该虫危害。③越冬成虫产卵期，将半干核桃枝条挂在树上作饵枝，诱集成虫产卵，6 月中旬成虫羽化前将饵枝全部取下烧毁。④6—7 月成虫出现期，每隔 10~15 天喷 1 次 25%西维因 600 倍液或敌杀死 5 000倍液，可兼治举肢蛾、瘤蛾、刺蛾。

十二、刺蛾类

又称痒辣子、毛八角、刺毛虫等。

幼虫群集为害叶片，将叶片吃成网状或将叶片吃光，仅留叶片主脉和叶柄，是核桃食叶重要害虫。幼虫体上的毒毛触及人体，会刺激皮肤发痒发痛（图 8-8）。

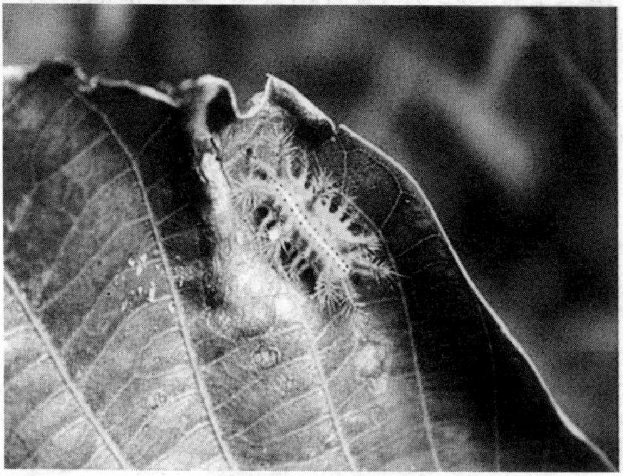

图 8-8　刺蛾幼虫

【形态特征】

（1）黄刺蛾。成虫头和胸部黄色，腹部背面黄褐色。前翅内半部黄色，外半部为褐色，有两条暗褐色斜线，在翅尖上汇合于一点，呈倒“V”形。卵椭圆形、扁平，黄绿色。老熟幼虫，头小，胸、腹部肥大，黄绿色。蛹椭圆形，黄褐色。茧灰白色。

（2）绿刺蛾。成虫头顶、胸背绿色。卵扁平光滑，椭圆形，浅黄绿色或黄白色酷似树皮。老熟幼虫略呈长方形，初黄色，后变为黄绿至绿色，头小黄褐色，缩于前胸下。蛹椭圆形，黄褐色。

（3）扁刺蛾。雌蛾体褐色，前翅灰褐稍带紫色，顶角处斜向一褐色线延至后缘。老熟幼虫较扁平，椭圆形，全体绿色或黄绿色，体边缘两侧各有 10 个瘤状突起，生有刺毛。蛹近椭圆形，初为乳白色，羽化前转为黄褐色。

【防治方法】①9—10 月或冬季，树盘翻土消除越冬虫茧和蛹。②用黑光灯诱杀。③初龄幼虫多群集于叶背面危害，可及时摘除并消灭虫叶。④保护或释放天敌，如上海青蜂、姬蜂、螳螂等。⑤严重发生时喷施苏云金杆菌（Bt）500 倍液，或用 80%晶体敌百虫、50%辛硫磷乳油 1 000倍液等。

第九章　果实采收及采后处理

果实采收和采收后的商品化处理，是实现优质、高效益的重要环节，也是产品增值和进入商品市场的最后一道管理程序。核桃果实采收期对坚果品质有重要的影响，又因品种不同、地域不同、用途不同，果实适宜采收期有所差别。采收后果实脱青皮，坚果清洗，坚果干燥、贮藏、分级、包装等环节，是提高坚果的商品性状、产品价值和市场竞争力的重要措施，各主产国都非常重视。

第一节　采收适宜时期

一、不同产地和品种的采收适期

核桃果实成熟的外部特征是：青果皮由绿变黄，部分顶部出现裂纹，或青果皮容易剥离。内部成熟特征是：种仁饱满、幼胚成熟、子叶变硬、风味浓香。核桃在成熟前 30 天左右果实和坚果大小基本稳定，但种仁重量、出仁率与脂肪含量均随采收时间适宜推迟而呈递增趋势。不同的品种和不同的用途要求的采收期不同，通常 1 株树上的果实青皮裂口达 1/3 时，即为适宜采收期。

二、不同用途品种的采收期

（一）干制核桃

根据不同采收期种仁内含物变化的测定结果，应在青皮变黄、部分果实出现裂纹、种仁硬化时采收。

（二）鲜食核桃

鲜食核桃是指果实采收后保持青鲜状态时，食用鲜嫩种仁。鲜食核桃应早于干制核桃采收，应在果实青皮开始变黄、种仁含水量较高、口感脆甜时采收。

（三）油用核桃

油用核桃的种仁含油率、坚果出仁率和成熟度有密切关系。因此，应选种适宜油用品种，采果期应在果实充分成熟、种仁脂肪含量最高时采收。

澳大利亚的核桃果实采收期通常在 3 月底至 5 月初。因为果实青皮成熟晚于坚果，青皮显现成熟时，坚果已达过熟，影响果仁品质。故多提前 5～10 天采收，可获得浅色果仁。采收方法如下。

（1）按不同的成熟期实行分期采收。

（2）树上喷施乙烯利，促进果实成熟一致，实行机械采收。

（3）机械采收可提高生产效率，保证果实品质。主要采用美国、加拿大和本国生产的振动落果机、清扫集条机和拣拾清选机。

三、采收方法

核桃果实采收方法有人工采收法和机械振动采收法 2 种，我国普遍采用人工采收法。人工采收是在果实成熟时，用木杆或竹竿敲击果枝或直接敲落果实，然后收集落地果集中处理。机械振动采收法是先进国家采收核桃果实的方法。于采收前 10～20 天在树上喷布 500～2 000μg/g 的乙烯利催熟，然后用机械振动树干，使果实振落于树下承接果实的收集箱。2 种采收方法均应在采果前将地面早落果、病果、虫果和残伤果等拣拾干净，并做妥善处理。打落的果实应剔除病虫果，并将完好青皮果和青皮破伤果分别放置和处理。

第二节　脱青皮及坚果干燥处理

一、堆沤脱青皮

堆沤法是脱青皮的传统方法。将采摘的核桃果实堆沤 7 天左右，待堆内青皮腐烂后进行人工去青皮和清洗污物。此法虽然简单易行，但脱青皮后约有 46.7%的坚果表面污染变黑，30.6%的坚果表面有局部污染，核仁变质率达 7%以上。为使坚果表面洁净，还需漂白消除表面污染，但这易对坚果造成二次污染，不符合无公害食品的生产要求。

二、乙烯利脱青皮

此方法是我国主产区广泛使用的脱青皮方法。可先在采后的核桃果实表面喷洒乙烯利，或用浓度为 3‰~5‰的乙烯利浸果 1min，然后堆成直径为 50cm 左右的果堆，上面覆盖塑膜 2~3 层，脱青皮率可达 95%。此方法比堆沤法脱皮快，仅少量坚果表面有局部污染，核仁变质率约为 1.3%。

三、冻融脱青皮

此法是利用冷冻和融化交替的方法去除青皮。方法是：将采摘、挑选后的鲜核桃进行-25~-5℃低温冷冻，待核桃青皮冻透后，再升温至 0℃以上融化。待核桃青皮开裂和流汁软化后，通过人工拍打、翻动和揉搓等方法去掉青皮。冻融后使用机械剥离速度快、剥离率高，可实现流水作业。

四、机械脱青皮

用机械剥青皮可加一定量的清水，配合清洗工序一并进行。

该方法脱皮快、脱皮率高、没有污染。剥离青皮后的坚果用清水去除壳表面的青皮残渣。

脱青皮是通过转磨盘和硬钢丝刷揉搓，使青皮与坚果脱离，应在采果后1~2天内完成，以防果仁变质；坚果清洗是将坚果放入回转式圆筒筛并导入清水进行清洗，如需漂洗，可用2%的次氯酸钠溶液漂洗；坚果干燥是使坚果达到合适的水分含量，防止坚果发霉和仁色变深，有利于长期贮藏，坚果干燥要求坚果含水率达到3%~4%，可贮藏1年；坚果破壳与坚果的大小、形状和壳厚度有关，破壳前需对坚果按照大小分级。果壳含水率对破壳率和果仁完整率有直接影响，所以在破壳前需将果壳含水率从3.5%左右增加到6.5%，再放置24h后用自动破壳机破壳。破壳机有美国生产的Mever人工辅助破壳机和MDI公司生产的Quantz Cracker破壳机2种，破壳能力为600~950个/min（不需要人工辅助）。

五、坚果干燥

脱掉青果皮和洗净表面的坚果，应尽快进行干燥处理，以提高坚果的质量和耐贮运能力。坚果干燥方法主要有场院晾晒和设备烘干2种方式。

场院晾晒是在天气晴朗的条件下，将清洗过的坚果在露天场院阳光下晾晒，以促进坚果内部水分蒸发，降低坚果和果仁的含水率。也可摊放在通风透气的层架上分层晾晒，可以扩大晾晒空间。坚果摊放的厚度不要超过2层，并应及时翻动。

设备烘干是应对南方采收期阴雨天气较多，北方秋雨连绵不断，不利于核桃坚果脱水干燥的措施。坚果烘干可利用烘干房、热风烘烤设备等，加速坚果脱水干燥。烘干房的容积和面积依烘干坚果多少而设计，热风烘烤主要用热气发生炉和鼓风机，使热风在烘干箱内循环，将水分和湿气排出箱外。烘干设备的热源有电热加温、燃煤加温、木柴加温等。设备烘干的温度均应控制在30~40℃，最高不能超过45℃，以免种仁变质。

坚果干燥度的判断方法是：种仁含水率为6%~7%，坚果的内横隔易折断，果仁酥脆，坚果碰撞的声音响脆。

澳大利亚核桃采收后的加工工艺流程是：青皮果→脱青皮→坚果清洗（漂洗）→坚果干燥→坚果分级→破果壳→果仁分级→包装。

第三节 鲜食核桃冷藏及坚果贮藏

一、鲜食核桃冷藏

鲜食用核桃是当今时令食品中的新类型，颇受市场和年轻人的欢迎。方法是：将新鲜核桃脱除青皮，然后洗净、晾干，按批次、等级放入-20~-10℃的低温冷冻库中保藏。根据保鲜时间长短确定冷藏温度，2~5个月后出库果采用-10℃左右冷藏，6个月以上的保鲜期采用-18℃以下的冷藏温度。鲜食核桃在-18℃以下的温度环境中，其新鲜品质保持不变，可实现周年供应。鲜食核桃出库后，在贮藏保鲜期内既可放在市场冷冻货架销售，也可用家庭冰柜或冰箱保鲜。超市在温度-5℃以下冷柜中的货架期为2个月以内，家庭放在-10℃以下的冰箱或冰柜中的保鲜期可达数月。温度越低，贮藏保鲜的时间越长。

西安植物园和西北农林科技大学的高书宝、高国宝等通过对核桃青果保鲜技术的研究认为：采果期延迟，果实和仁鲜重均呈递减趋势；采后青果自然存放时间与失水率呈正相关；低温（5℃）密封可明显减少青果的水分损失，降低呼吸率，可保存40天以上；青果整体完好有利于延长保鲜期。

二、坚果贮藏

核桃坚果适宜的贮藏温度为1~3℃。坚果的含水量宜低于7%。

（一）室内干藏

将晾干的核桃装入有小孔的粗布袋或麻袋中，放在干燥通风的室内贮藏。此法适于少量、短期存放。应防止夏季潮湿、霉烂、虫害和变味。

（二）低温贮藏

长期贮存少量坚果，可将坚果封入聚乙烯袋中，置于0~5℃的冰箱中，可保持良好品质2年以上。长期、大量贮存时，可用麻袋包装，贮存在0~1℃的低温冷库中。大量的坚果应采用冷库贮藏。资料显示，在0~1℃温度、O_2浓度为2%~3%、CO_2浓度为15%~20%、相对湿度为50%~60%的条件下，可保存1年不变质。

（三）薄膜帐贮藏

在无冷库的地方可采用塑料薄膜帐密封贮藏核桃。做法是：选用厚0.2~0.23mm的聚乙烯膜做成帐袋，其大小和形状可根据存贮量和仓储条件而定，秋季将晾干的核桃入帐。北方冬季气温低、空气干燥，可暂不密封，待翌年2月下旬气温逐渐回升时密封。帐内空气湿度应低于50%，防止密封后坚果变质。南方秋末冬初气温较高，空气湿度大，核桃入帐时必须在帐内加吸湿剂后密封，以降低帐内湿度。当春末夏初气温升高时，可在密封的帐内充CO_2或充N_2来降低帐内O_2浓度（2%以下），以抑制呼吸、减少损耗，防止霉烂、酸败及虫害发生。帐内CO_2浓度达到50%以上或充N_2 1%左右效果较为理想。

核桃贮藏过程中如有鼠害和虫害发生，可用溴甲烷（40~

56 g/m^2)熏蒸冷库 3~10h，或用二硫化碳（40.5 g/m^2）密封 18~24h，杀鼠和除虫效果良好。

第四节　坚果及果仁分级和包装

一、坚果分级及安全指标

（一）分级的意义

核桃坚果分级是适应国际市场和国内市场需要、实行优级优价、保证商品质量、执行产品标准化、市场规范化的重要措施，也是产品市场竞争的需要。

（二）分级标准

在国际市场上，核桃商品坚果的价格与坚果的大小和质量有关，坚果越大，价格越高。我国核桃坚果出口的标准是：坚果直径 30mm 以上为一等，28~30mm 为二等，26~28mm 为三等。近年我国开始组织出口直径为 32mm 的商品核桃。出口核桃坚果除以果实大小作为分级的主要指标外，还要求坚果壳面光滑、洁白，核仁干燥（核仁水分不超过 4%），杂质、霉烂果、虫蛀果、破裂果总计不许超过 10%。

2006 年国家标准局发布的《核桃坚果质量等级》国家标准中，以坚果外观、单果平均重量、取仁难易、种仁颜色、饱满程度、核壳厚度、出仁率及风味 8 项指标，将坚果品质分为 4 个等级。

（三）坚果安全指标

（1）感官要求。根据中华人民共和国农业行业标准《无公害食品落叶果树坚果》（NY 5307—2005）要求：同一品种果粒大小均匀，果实成熟饱满，色泽基本一致，果面洁净，无杂质，无霉烂，无虫蛀，无异味，无明显的空壳破损、黑斑和出油等缺陷果。

（2）安全指标。应符合表 9-1 中各项指标的要求。

表 9-1 安全指标（NY 5307—2005）

项目	指标
铅（以 Pb 计）（mg/kg）	≤0.4
镉（以 Cd 计）（mg/kg）	≤0.05
汞（以 Hg 计）（mg/kg）	≤0.02
铜（以 Cu 计）（mg/kg）	≤10
酸价（以 KOH 计）（mg/kg）	≤4.0
过氧化值，当量浓度（kg）	≤6.0
亚硫酸盐（以 SO_2 计）（mg/kg）	≤100
敌敌畏（mg/kg）	≤0.1
乐果（mg/kg）	≤0.05
杀螟硫磷（mg/kg）	≤0.5
溴氰菊酯（mg/kg）	≤0.5
多菌灵（mg/kg）	≤0.5
黄曲霉毒素 B_1（μg/kg）	≤5

注：其他有毒有害物质的指标应符合国家有关法律、法规、行政规章和强制性标准的规定。

二、果仁分级

（一）分级的意义

核桃贸易主要有核桃仁和带壳核桃 2 种。1991 年以前带壳核桃的出口贸易量远高于核桃仁的贸易量。1994 年至今带壳核桃和核桃仁的出口贸易量在波动中持续增长，核桃仁的出口贸易量和增长速度快于带壳核桃的增长速度。2005 年核桃仁的出口贸易量开始超过带壳核桃的贸易量。实施和推广果仁分级标准，是提高我国核桃产品国际竞争力的重要前提。

（二）取仁方法

核桃取仁的方法分为人工取仁和机械取仁。

人工取仁是我国当前采用的方法，根据坚果 3 个方位壳皮强度的差异及核仁结构，选用缝合线与地面平行放置敲击较好，防止过猛和多次敲打增多碎仁。取出的果仁装入干净的容器中，待分级后包装。

机械取仁的方法有：离心碰撞式破壳法，此方法碎仁太多，应用很少；化学腐蚀破壳法，此法果仁易受污染腐蚀，处理不当会造成环境污染；超声波和真空破壳取仁法，设备昂贵，成本高，破壳效果不理想；定间隙挤压破壳法，此法应用较多，但由于核桃品种多样，坚果大小差异较大、形状不一，破壳取仁难度较大，还需手工辅助剥仁。

张志华等（1995 年）发明的小型核桃螺旋加压取仁器，加压均匀、简便实用，但工作效率较低，适宜家庭使用。

（三）中国核桃仁质量分级

云南省核桃仁质量分级标准是，除整仁外，按果仁完整程度划分为 4 路（图 9-1、图 9-2）。

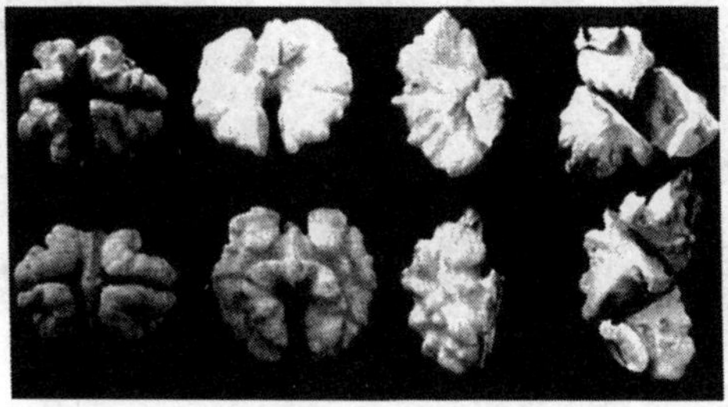

图 9-1　果仁大小分级

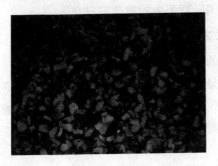

图 9-2　碎仁

①整仁，俗称“大蝴蝶”（不纳入分级）。

②半仁，俗称“头路”。

③1/4 仁，俗称“二路”。

④1/8 仁，俗称“三路”。

⑤碎仁，俗称“四路”。

按果仁颜色和大小分为 10 级（俗称“路”）（图 9-3 至图 9-5，引自杨源的《核桃采收加工技术图解》）。

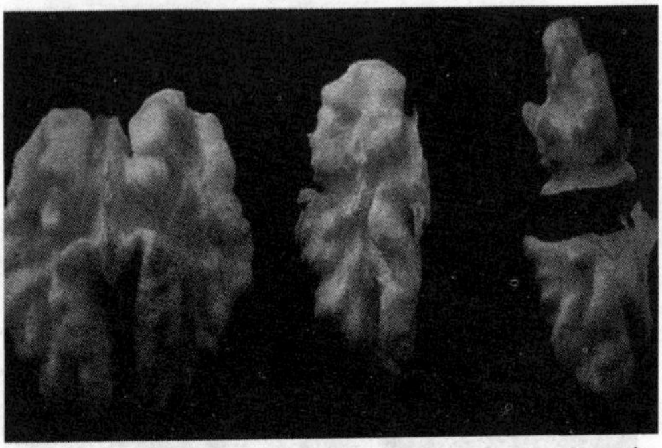

白头路　白二路　白三路

图 9-3　白色果仁分级

①白头路：1/2 仁，淡黄色。

浅头路　　浅二路　　浅三路

图 9-4　浅色果仁分级

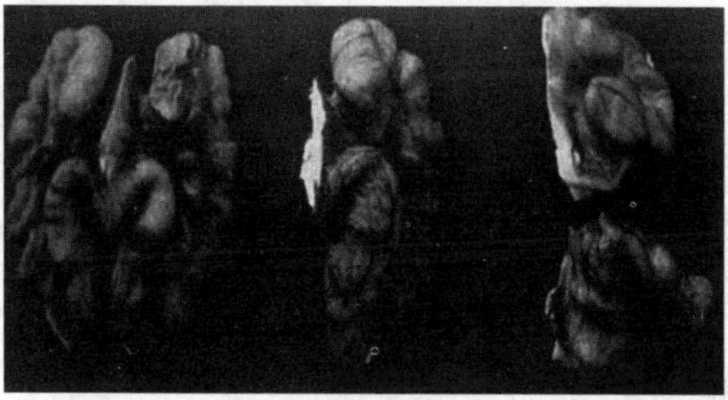

深头路　　深二路　　深三路

图 9-5　深色果仁分级

②白二路：1/4 仁，淡黄色。

③白三路：1/8 仁，淡黄色。

④浅头路：1/2 仁，浅琥珀色。

⑤浅二路：1/4 仁，浅琥珀色。

⑥浅三路：1/8 仁，浅琥珀色。

⑦深头路：1/2 仁，深琥珀色。

⑧深二路：1/4 仁，深琥珀色。

⑨深三路：1/8 仁，深琥珀色。

⑩混四路：碎仁，不分颜色。

在国际市场中，白头路比浅头路售价约高120%，浅三路比深三路售价约高58%。另外，要求各级核桃仁中应无霉腐、虫蛀、异味、杂质和自然劣迹，含水率不超过5%。

（四）分级方法

我国核桃仁的分级方法主要是目测，按颜色级别手工分级。目前在大型加工厂分级采用电子分色分级机进行，不符合规定的核桃仁通过气流被剔除。

三、坚果及果仁包装

包装是指采用适当的包装材料、容器和包装技术，把坚果或果仁包裹起来，有利于在运输和贮藏过程中保持商品的原有状态和品质。包装不仅可以对产品起到保护作用，也是消费者对产品的视觉体验和企业形象定位的直接决定因素。包装设计具有建立品牌认知的行销作用，也就是利用包装设计呈现品牌信息，建立品牌识别，使消费者知道商品的品牌名称、品牌属性，进而建立品牌形象的关键措施。

（一）坚果包装

核桃坚果包装主要有纸箱包装、塑料袋包装、金属容器包装及麻袋包装。国内市场商品优质核桃坚果多采用封口塑料袋包装或外加礼品盒包装。单件商品重量多在2.5kg以内，主要面向超市及大型商场等场所。大宗商品采用麻袋包装，每袋重20～25kg，袋口缝严，在包装袋左上角标注批号。

根据《中华人民共和国产品质量法》和国家标准《预包装食品标签通则》（GB 7718）规定，核桃坚果包装应注意以下2点。

1. 必须标注的内容

（1）必须采用表明核桃坚果真实属性的专用名称，不得使用引起消费者误解或混淆的名称。

（2）生产者的名称和地址应当和营业执照一致。属集团子公司、分公司及委托加工、联营生产的，按照《产品标识标注规定》的要求进行标注。

（3）产品标准号应标明产品的标准代号和顺序号，所标明的产品标准号应当合法有效。

（4）经检验证明为合格的产品，应当附有产品质量检验合格证明（可以是合格印、章、标签等）。

（5）生产日期（包装日期）、保质期（保存期）或失效日期应标注在显著位置，规范清晰，符合对比色的要求。

（6）实施市场准入的食品应按规定加贴 QS（食品质量安全市场准入）标志和食品生产许可证编号。实施工业产品生产许可证管理的产品应按规定标注生产许可证标记和编号。

2. 关于日期标示和贮藏说明

（1）应清晰地标示预包装食品的生产日期（或包装日期）和保质期，也可以附加标示保存期。如日期标示采用“见包装物某部位”的方式，应标示所在包装物的具体部位。

（2）日期标示不得另外加贴、补印或篡改。

（3）应按年、月、日的顺序标示日期。

（二）果仁包装

核桃仁是国内外市场消费量较大的干果商品之一，随着生活水平的逐渐提高，人们对核桃仁及其加工产品的需求也越来越多。果仁的包装是消费者了解产品、选择产品及使用产品的重要依据。各种形式的包装愈来愈丰富多彩，如盒装、罐装、袋装、瓶装等。

核桃仁出口要求按等级用纸箱或木箱包装，每箱核桃仁净重为 20~25kg。包装箱需采取防潮措施，在箱底和四周衬垫硫酸纸等防潮材料，装箱后立即封严、捆牢。在箱子的规定位置标明重量、地址、货号等。

果仁包装除具备坚果包装的基本要求外，还需注明以下内容。

（1）预先定量包装或直接装入容器中，向消费者直接提供的食品名称。

（2）食品标签是指食品包装上的文字、图形、符号及说明物。

（3）配料，指在制造或加工食品时使用的，并存在（包括以改性的形式存在）于产品中的任何物质，包括食品添加剂。

（4）加工助剂和加工辅助物，即本身不作为食品配料用，仅在加工、配制或处理过程中，为实现某一工艺目的而使用的物质或物料（不包括设备和器皿）。

（5）生产日期和制造日期，指食品成为最终产品的日期。

（6）包装日期，指将食品装入（灌入）包装物或容器中，形成最终销售单元的日期。

（7）保质期，即果仁在标签指明的贮存条件下，保持品质的期限。在此期限内，产品完全适于销售，并保持标签中不必说明或已经说明的特有品质。超过此期限，在一定时间内，果仁可能仍然可以食用。

（8）保存期，指推荐的最后食用日期。指果仁在标签指明的贮存条件下，预计的终止食用日期。在此日期之后，预包装食品可能不再具有消费者所期望的品质特性，不宜再食用。

主要参考文献

胡兰英，汉春华 . 2017. 核桃高产种植技术指南［M］. 芒市：德宏民族出版社 .

梁臣 . 2017. 核桃优质丰产栽培［M］. 北京：中国科学技术出版社 .

苗卫东，扈惠灵，刘遵春 . 2018. 核桃优质栽培关键技术［M］. 北京：中国科学技术出版社 .

王贵 . 2017. 现代核桃管理手册［M］. 北京：中国农业出版社 .

王俊霞，李伟越，王爱根 . 2018. 核桃栽培与果园管理［M］. 北京：中国农业大学出版社 .

王有年 . 2018. 核桃害虫及其防治［M］. 北京：中国林业出版社 .

杨锐铣 . 2017. 核桃无公害生产技术［M］. 昆明：云南科技出版社 .